Burkhard Bohne

# DIE BOTSCHAFT DER PFLANZEN

Was wir von
der Natur lernen
können und
wie sie uns heilt

ROWOHLT

Originalausgabe
Veröffentlicht im Rowohlt Verlag, Hamburg, April 2021
Copyright © 2021 by Rowohlt Verlag GmbH, Hamburg
Redaktion Regina Carstensen
Satz aus der RotisSerif
bei Dörlemann Satz, Lemförde
Druck und Bindung CPI books GmbH, Leck, Germany
ISBN 978-3-498-00210-7

Die Rowohlt Verlage haben sich zu einer nachhaltigen Buchproduktion verpflichtet. Gemeinsam mit unseren Partnern und Lieferanten setzen wir uns für eine klimaneutrale Buchproduktion ein, die den Erwerb von Klimazertifikaten zur Kompensation des $CO_2$-Ausstoßes einschließt.
www.klimaneutralerverlag.de

*Die Stimmen der Natur*

*Wenn die Vögel singen, rufen sie dabei die Blumen des Feldes
oder sprechen sie mit den Bäumen
oder ist ihr Gesang nur ein Widerhall dessen,
was das Bächlein murmelt?
Der Mensch mit all seiner Klugheit kann nicht verstehen,
was die Vögel sagen oder was der Bach vor sich hin murmelt
oder was die Wellen flüstern,
wenn sie langsam und sanft den Strand berühren.*

*Der Mensch in all seiner Klugheit kann nicht verstehen,
was der Regen spricht,
wenn er auf die Blätter in den Bäumen fällt
oder wenn er aufs Fensterbrett tropft.
Er weiß nicht, was der flüchtige Wind den Blüten zu
    erzählen hat.*

*Aber das Herz des Menschen ist imstande,
die Bedeutung dieser Stimmen zu fühlen und zu begreifen.
Oftmals bedient sich die ewige Wahrheit einer geheimnisvollen
    Sprache.
Seele und Natur unterhalten sich miteinander,
während der Mensch abseits steht, sprachlos und verwirrt.
Und hat der Mensch nicht Tränen vergossen über diese
    Stimmen?
Sind seine Tränen nicht ein beredtes Zeugnis seines
    Verstehens?*

Khalil Gibran (1883–1931)

# INHALT

Vorwort 11
Pflanzen sehen – und nicht sich selbst 13

Durch den Wald mit offenen Augen und Ohren
   spazieren 25
Intuition – die Weisheit der Pflanzen 37
Vom Verschwinden und Finden von Kreisläufen 67
Gedanken können Kräuter lesen 81
Die Visionärin Hildegard und Urban Gardening 113
Ganz natürliche Lebensrhythmen 127
Pläne für Tier, Pflanze und Mensch 147
Die Zeichen der Natur deuten 163
Verbundenheit mit dem Außergewöhnlichen 187
Jenseits von Wissen 213
Pflanzen, unser zweites Ich 231

Dank 249
Literatur 251

# DIE BOTSCHAFT DER PFLANZEN

# VORWORT

Das Jahr 2020 war ein ganz besonderes Jahr. Die Corona-Pandemie hatte die meisten Länder dieser Erde fest im Griff und sorgte für Einschränkungen im Arbeitsleben, besonders aber im privaten Bereich. Ich selbst hatte viel mehr Zeit als sonst, wanderte deshalb häufig durch Wälder, fuhr viel Fahrrad und war noch achtsamer als sonst unterwegs.

Doch 2020 blieb auch ein anderes Thema das wichtigste für mich, der sich immer stärker beschleunigende Klimawandel. In den vergangenen Jahren hatten wir mehrere lange und trockene Sommer mit nie zuvor gekannten Hitzeperioden, und selbst im Winter gab es kaum Niederschläge. Inzwischen haben Flüsse und Seen sehr niedrige Pegel, Grundwasser wird in einem atemberaubenden Tempo verbraucht, und unsere Böden und Pflanzen leiden unter einem erheblichen Wassermangel. Die Ernten liegen teilweise weit unter den Durchschnittserträgen, Bäume vertrocknen, sterben massenhaft ab, und es gibt nicht genügend Heu für die Tiere. Parallel schreitet das Artensterben in riesigen Schritten voran. Großflächig angelegte landwirtschaftliche Monokulturen, versiegelte Flächen, Bauwut und Schottergärten drängen die Natur immer weiter zurück.

Klimawandel und Artensterben haben ein erschreckendes Ausmaß angenommen, und als wäre das allein nicht genug, kam zusätzlich die Pandemie. Es schien, als würde die Welt völlig aus den Fugen geraten, und viele Menschen fühlten sich wie gelähmt. Doch vielleicht hat all das auch eine positive Seite: Vielleicht ist es an der Zeit zu erkennen, dass wir mit unserem Konsumverhalten den Bogen weit überspannt haben und dass wir unser Verhältnis zu anderen Menschen und besonders zur Natur neu denken müssen. Achtsamkeit und Gemeinsinn könnten ein Ansatz auf diesem Weg sein, und ich bin mir sicher, ein tiefer Blick in das Pflanzenreich kann uns dabei helfen.

# PFLANZEN SEHEN – UND NICHT NUR SICH SELBST

Es ist ein herrlicher Morgen um die Sommersonnenwende. Wie so oft in dieser Jahreszeit wurde ich durch den lauten Gesang der Vögel in unserem Garten geweckt, und nun freue ich mich auf den vor mir liegenden Tag. An diesem Wochenende habe ich Gießdienst, und ich werde meine beiden Kräutergärten, den Arzneipflanzengarten der Technischen Universität Braunschweig und den Klostergarten Riddagshausen, besuchen. Mit dem Fahrrad radle ich die knapp zehn Kilometer zum Arzneipflanzengarten, denn es gibt einen Weg, der mich über Felder und Wiesen, durch Wälder und Parks führt. Weil ich genügend Zeit habe, trete ich sehr gemütlich in die Pedale.

In der vor mir liegenden Flussaue steigt leichter Dunst auf, es duftet nach feuchter Erde und frisch gemähtem Gras. Hinter den riesigen Pappeln des renaturierten Flüsschens Wabe steigt die Sonne langsam höher und taucht die Landschaft in warmes Licht. In den hohen Pappeln wachsen viele Misteln, und ich wundere mich, dass ich sie in den letzten Jahren kaum beachtet habe. Im Gegenlicht wirken die Misteln riesig, ja geheimnisvoll und mysteriös.

In den feuchten Wiesen quaken Frösche, es sind die männlichen Exemplare, denn sie bemühen sich um ein recht lautes Konzert – so stecken sie ihre Reviergrenzen per Klang ab und wollen Weibchen beeindrucken. Viel Erfolg! Ein Weißstorch stapft gemächlich umher, mit seinem langen Schnabel sucht er im Gras nach Nahrung. Es ist jedes Mal erstaunlich zu beobachten, wie perfekt die Natur alles hervorgebracht hat. Der Lebensraum für Wiesen und Bäume ist wiederum Lebensgrundlage für viele Tiere. Wir Menschen können uns wirklich glücklich schätzen, auf diesem unglaublichen Planeten zu leben.

Mein Weg führt mich weiter an Feldern vorbei, manchmal schiebe ich mein Rad, weil ich alles, was mir begegnet, intensiv mit meinen Sinnen aufnehmen möchte. Dank gelegentlichen Regens wächst das Getreide gut. Die Ackerränder werden weniger intensiv bewirtschaftet, eine mal erfreuliche Tatsache, was Klatschmohn, Kornblumen, Malven, Flockenblumen, Ackerrittersporn, Hundskamille oder die Echte Kamille in voller Blüte stehen lässt; dazwischen Wilder Senf, Gräser und die ersten blühenden Wegwarten. Die Felder verströmen einen völlig anderen Duft als die Wiesen, gerade jetzt im Juni, in dem Weizen, Roggen und Gerste langsam reifen. Die Ackerblumen werden von Insekten besucht – ein ständiges mit Summen und Brummen begleitetes Kommen und Gehen –, die von ihrem Nektar leben. Aber woher wissen die Hummeln und Bienen mit ihren Pollensäckchen eigentlich, wo all die Blüten zu finden sind? Was lässt sie diese finden? Welche Art von Intelligenz besitzen sie? Eine Feldlerche schwebt über dem Getreide, ich freue mich über ihre Flugkünste und ihren Gesang.

Es folgt ein kleines Waldstück, in dem Ahornbäume, Eichen und Buchen wachsen. Die dichten Baumkronen sind reich belaubt und werfen ein faszinierend flirrendes Licht auf den Waldboden, wo feuchte Blätter vermodern und einen erdigen, würzigen Duft verströmen. Sie beleben den Waldboden und lassen ihn fruchtbarer werden. Zwischen alten, großen Bäumen stehen viele junge, die für den Fortbestand des Waldes sorgen sollen.

Ich radle an einem kleinen Hang vorbei, an dem vor kurzem noch Bärlauch und Waldmeister blühten. Der Bärlauch bereitet sich auf den Sommer vor, indem er seine Blätter einzieht. Im

Sommer selbst ziehen sich die Pflanzen in ihre Wurzeln zurück, um dann im nächsten Frühjahr wieder auszutreiben. Ein hervorragender Trick, denn im schattigen Wald gibt es in dieser Jahreszeit am Boden nicht genügend Licht zum Wachsen. In unmittelbarer Nähe stehen Maiglöckchen, die ebenfalls längst verblüht sind. Ihre ledrigen Blätter ähneln denen des Bärlauchs, doch sie sind viel fester und noch grün und scheinen mit dem wenigen Licht am Waldboden besser zurechtzukommen. Ähnlich geht es dem Waldmeister, dessen Blüten sich längst in klettige Früchte verwandelt haben. Ganz anders das einjährige Bingelkraut. Es hat große, weiche Blätter und beginnt, in unscheinbaren Blütenständen gelbgrün zu blühen. Es kommt offensichtlich mit viel weniger Licht aus als die anderen Waldkräuter. Am liebsten aber mag ich die sich ausrollenden Wedel des fiedrigen Wurmfarns, der zu den ältesten Gewächsen auf der Erde gehört. Die schmucken Blätter sind robust und bleiben den ganzen Sommer über grün.

Eine weitere Wiese. Das Gras ist licht und lässt Raum für zahlreiche Wiesenblumen. Mir fallen die farbenfrohen Nelkengewächse und die austreibenden Silberdisteln auf. Im Frühling habe ich hier Küchenschellen und Primeln entdeckt, und im Laufe des Sommers werden auf ihr Orchideen zum Blühen kommen. Wie sich die Vegetation auf diesem Kalkmagerrasen doch so grundsätzlich von der der ersten Wiese unterscheidet. Die magere Nelken- und Distelwiese wird von hohen Büschen umsäumt, Heckenrosen und Holunder blühen, Weißdorn und Schlehen haben schon Früchte angesetzt. Der intensive Duft des Ligusters dringt mir in die Nase. Kein Wunder, dass hier viele Falter herumflattern und sich auch andere Insekten den süßen Nektar der Blüten holen.

Weiter geht es an einem Bahndamm entlang und unter einer Brücke hindurch. Kleingärten tauchen auf. Auf der rechten Seite der prägnante Turm der Klosterkirche, der dazugehörige

Garten ist mein zweites Ziel nach der Gießrunde im Arzneipflanzengarten der TU. Ich fahre am Kloster vorbei und erreiche eine Kirschbaumallee. An einem Baum halte ich an und esse eine Handvoll Früchte. Es sind die ersten Kirschen, die ich in diesem Jahr probiere, wie jedes Mal bin ich überrascht von ihrem süß-aromatischen Geschmack. Nun ist es Zeit für den Arzneipflanzengarten, den ich durch einen alten Park am Stadtrand Braunschweigs erreiche.

## Kräuter gegen Schädlinge und Depressionen

Wir alle durchleben diesen Sommer 2020 etwas anders als gewohnt. Durch die Pandemie mussten wir fast alle Veranstaltungen in den beiden Kräuter- und Arzneigärten absagen. Das ist fürs Publikum sehr schade, auf der anderen Seite schenkt es mir Zeit, um mich mehr den Pflanzen widmen zu können.

Während des heißen Sommers gibt es viel zu tun. Die Jungpflanzen wachsen in kleinen Töpfen und müssen bei Hitze zweimal täglich gegossen werden. Auch die großen Kübelpflanzen, Oliven, Zitrus, Lorbeer, Oleander und viele andere, kommen bei hohen Temperaturen keine zwei Tage ohne Wasser aus. Während ich alle Gewächse im Garten versorge, kann ich sie genau betrachten und für die kommende Arbeitswoche Pläne machen.

Heute fällt mir der Blütenreichtum der Oliven auf, er verspricht eine gute Ernte. Die Zitrusbäume sind inzwischen verblüht und haben Früchte angesetzt. Ich sehe, dass die Blätter heller werden. Zeichen für einen Mangel. Also: Eisendünger besorgen und alsbald verteilen. Nun sind die Beete dran, zuerst die Giftpflanzen. Der Rote Fingerhut blüht üppig und wird von Hummeln besucht. Spannend, dass Pflanzen, die für Menschen stark giftig sind, Insekten so gut mit Nahrung versorgen. Natürlich ist der Fingerhut mit seinen ausnehmend hübschen Blüten in der richtigen Dosierung für uns Menschen ebenfalls hilfreich, denn seine sogenannten Digitalis-Glykoside (sind auch in Maiglöckchen enthalten) werden bei Herzkrankheiten eingesetzt. Die gefährlichen Giftstoffe haben ihre höchste Konzentration in den Blättern. Weiter zum Schlafmohn, er steht noch in voller Blüte, zeigt aber erste grüne Fruchtkapseln. Schlafmohn darf hier angebaut werden, weil der Garten umzäunt und während der Öffnungszeiten beaufsichtigt ist.

Auf dem nächsten Feld wachsen Pflanzen mit vielen ätherischen Ölen, und weil die Sonne mittlerweile an Kraft gewonnen hat, duftet es hier besonders intensiv. Automatisch denke ich an frische Wäsche, Seife und englische Ladys in geblümten Tapetenzimmern. Ein blaues Meer liegt vor mir. Der Lavendel ist ein Lippenblütler, er riecht nicht nur gut und sieht gut aus, man kann ihn auch zu Parfüm verarbeiten, und als Tee wirkt er beruhigend. Ein Tropfen Lavendelöl auf den Schläfen dient der Entspannung und ist hilfreich bei Kopfschmerzen. Nicht von ungefähr gehört der Lavendel zu den wichtigsten Pflanzen der Naturheilkunde. Für die nächste Woche merke ich mir die Lavendelernte vor. Die Schädlinge im Garten wird es freuen, denn Lavendelduft mögen sie nicht. Aus diesem Grund wird Lavendel gern in Rosengärten gepflanzt.

Auch der Salbei auf dem Beet ist ein Lippenblütengewächs, allerdings ist er längst verblüht. Er hat schon den zweiten Austrieb angesetzt, und die rauen, dicken, grauen Blätter können ebenfalls in der nächsten Woche geerntet und getrocknet werden. Salbeitee ist ein tolles Desinfektionsmittel für Mund und Rachen, wirkt aber auch auf der Haut. Ganz anders der Muskateller-Salbei, der jetzt blüht. Seine riesigen, kerzenförmigen Blütenstände mit den blassrosa Lippenblüten verströmen einen würzigen Duft. Nahezu berauschend. So auch für die Holzbienen in den Blüten. Sie sehen fast wie Hummeln aus, schwarzbraune Puschel, die gern brummen. Da sie eher selten sind, ist die Ehre ihrer Anwesenheit ein eindeutiges Zeichen dafür, dass es sich lohnt, den Garten insektenfreundlich zu gestalten.

Ein völlig anderer Duft, nicht ganz angenehm, fast ein wenig stinkend und in Frühzeiten benutzt, um Geister abzuwehren, kommt vom Baldrian, verursacht von der Valerensäure, die für den Geruch des Wurzelstocks verantwortlich ist. Seine großen, weißen, doldenähnlichen Blütenstände dominieren das ganze Beet. Im Herbst möchte ich die Wurzeln ernten, ein Tee daraus wirkt beruhigend, sedierend, sodass er bei Einschlafstörungen hilft – ohne Suchtgefahr!

Hinter dem Baldrian prunkt der wunderschöne Gemeine Lein in blauen Blüten, eine unserer ältesten Kulturpflanzen. Seine Fasern werden genutzt, um Stoffe herzustellen, seine Samen werden aufs Müsli gestreut oder zu Speiseöl gepresst. Und zur Sommersonnenwende blüht auf einem anderen Beet das Johanniskraut, ein heimisches Wildgewächs, das gegen Depressionen hilft. An einem Tag wie diesem wird mir auch klar, warum. Die leuchtend gelben Blüten scheinen die Sonnenenergie bestens zu speichern. Im Winter können wir Menschen dann von dem in der Pflanze gespeicherten Licht profitieren. Unter den Echten Kamillen gibt es etwas zu entdecken, denn zwischen den kleinen Blüten finde ich viele größere. Nachdem ich einige gepflückt und geöffnet habe, erkenne ich, dass sich Hundskamille wild ausgesät hat. Die Blüten der Echten Kamille erkennt man am hohlen Blütenboden.

Neben Düngen und Ernten schreibe ich noch Mulchen auf meine To-do-Liste, denn es soll in den nächsten Tagen noch viel heißer werden. Durch Mulchen können wir viel Wasser im Garten sparen. Außerdem nehme ich mir vor, Brennnesseljauche anzusetzen, denn, wie in jedem Jahr, auf den Blütenstielen des Baldrians sitzen schwarze Blattläuse. Brennnesseljauche ist ein biologisches Spritzmittel und wirkt gegen verschiedene Schädlinge. Gleichzeitig ist sie ein exzellenter Flüssigdünger, da sie viel Stickstoff enthält.

Nach fast zwei Stunden verlasse ich den Garten, nicht ohne die Bienenvölker zu besuchen. Die Bienen sind ausgesprochen aktiv und schwärmen in den Kräutergarten aus. Ich freue mich jetzt schon auf den aromatischen Honig. In diesen beiden Stunden habe ich fast alle Pflanzen betrachtet und mich daran erinnert, was ich über sie weiß – und was vielleicht noch nicht. Auch wenn ich seit vielen Jahren die Kräuter neugierig begleite, kommt es mir immer noch so vor, als würde ich kaum etwas über sie wissen.

### Meditation unter den Linden

Ich radle weiter Richtung Kloster. Sein riesiger Garten liegt innerhalb der Mauern einer alten Zisterzienseranlage. Hier starte ich jeden Besuch mit einem besonderen Ritual. Ich setze mich auf eine Mauer unter den uralten Linden (700 Jahre!) und mache eine Pflanzenmeditation. Ich spüre, dass die Meditation mich mit den Pflanzen verbindet, und das kann heilend für uns alle sein. Für dreißig Minuten schließe ich die Augen. Habe ich den Eindruck, bei mir angekommen zu sein, stelle ich mir vor, dass Erdenergie durch meinen Körper fließt. Anschließend öffne ich die Augen und betrachte die Linden über mir genau. Ich begrüße die Bäume und erzähle ihnen in Gedanken, dass ich hier ausruhen und ihre Energie aufnehmen möchte. Ich spüre, wie sich meine Herzenergie ausdehnt, bis einer der riesigen Bäume von ihr umhüllt ist. Ich bin einfach da und genieße den Zustand der Verbundenheit. In mir tauchen Emotionen, Erinnerungen, Bilder, Gedanken und Worte auf, und ich nehme jede Veränderung in mir wahr. Ich frage die Linden, ob sie mir etwas mitteilen wollen, ob ich etwas für sie tun kann. Ich lausche der Stille und fühle mich in meiner Mitte. Nach einiger Zeit komme ich langsam zurück und bedanke mich bei den Bäumen.

Nach dieser halben Stunde ist es so, als wäre ich ein komplett anderer Mensch. Lange denke ich darüber nach, ob die Verbindung mit den Linden heute besonders intensiv war oder ob es an dem Duft ihrer Blüten liegt. Sie sind voll aufgeblüht, und ihr schwerer, süßlicher Duft scheint die Luft in einem großen Umkreis förmlich zu schwängern.

Nach dieser Meditation bin ich überzeugt davon, dass wir Menschen uns wieder mehr daran erinnern sollten, dass wir Teil der Natur sind und auch die nicht menschliche Natur ein Teil von uns ist. Greifen wir in die Natur ein, sollte dies nach den gleichen Maßstäben erfolgen, wie wir mit uns selbst umgehen wollen.

Auch in diesem großen Garten mit Wiesen und Hochbeeten schaue ich mir nahezu jede einzelne Pflanze an. Die alten Heilpflanzen wie Eibisch, Wermut oder Odermennig mag ich sehr, und mich ergreift regelrecht Ehrfurcht, wenn ich überlege, wie oft sie schon Menschen geholfen haben. Wie haben unsere Vorfahren nur herausgefunden, wie, mit welchen Bestandteilen und welcher Form der Anwendung sie sich als wirksam erwiesen? Noch bin ich wohl etwas benommen von der Meditation, denn ich kann mir vorstellen, dass ihnen die Intuition dabei geholfen haben muss, Kontakt zu den Pflanzen aufzunehmen und ihnen ihre Geheimnisse zu entlocken. Ganz sicher ist auf diese Weise oft ihre Heilwirkung entdeckt worden.

Nachdem ich auch die anderen Kräuter gegrüßt habe, ziehe ich weiter in den Gemüsegarten. Hier werden alte und regionale Sorten biologisch angebaut. Mangold, Melde, Saubohnen, Rote Bete, Kohl, Linsen, Erbsen und Salat standen im Mittelalter auf dem Speiseplan. Grund genug, sie im Garten des

Klosters wieder zu kultivieren. Neben dem Gemüsegarten ist ein Feld mit Dinkel angelegt. Ich freue mich über die reifenden Ähren unseres Urdinkels. Dieses kleine Feld wird extensiv bewirtschaftet, sodass neben dem Dinkel, ein Verwandter des Weizens, eine große Anzahl an Feldblumen mit ihm in friedlicher Koexistenz lebt. Nach der Ernte wandelt sich das Bild völlig, dann blüht auf diesem Miniacker Safran. Außerdem gibt es im Garten noch Obstwiesen mit alten Apfelsorten. Alle Bäume haben reichlich geblüht und ordentlich Früchte angesetzt. Die bunten Wiesen unter den Bäumen werden gesenst, das ergibt artenreiches Heu.

Es ist schön, durch die einzelnen Gartenteile zu schlendern. Mir scheint, als atme der Klostergarten auf jedem Fleck Geschichte. Eigentlich auch nicht weiter erstaunlich, denn an diesem Ort wurde über viele Jahrhunderte hinweg ein sehr munteres Klosterleben praktiziert. Zudem war der Zisterzienserorden für seinen nachhaltigen Landbau legendär. An diesem Vormittag ist mir der Geist des Ordens besonders nahe, und mir fällt das inspirierende Buch *Die Zisterzienser und Bernhard von Clairvaux* von Ekkehard Meffert ein, in dem der Orden dafür gerühmt wird, dass er die Landschaft durch Gebete, Rituale und Handarbeit förmlich durchgeistigte. Heute ist in der Umgebung der Zisterzienserklöster von durchgeistigter Landschaft leider nicht mehr viel übrig, denn Landschaft, Böden, Tiere und Pflanzen werden fast ausschließlich als Wirtschaftsgut gesehen. Außerdem wird alles Tun der Menschen genauestens analysiert und nach finanziellen Gesichtspunkten bewertet. Diese Sichtweise und diese Art zu handeln werden der Natur und dem Potenzial der Menschen wenig gerecht.

Einmal mehr wird das deutlich, als ich den Klostergarten verlasse. Ich schiebe mein Fahrrad an der Südseite der Kirche vorbei, genau an der Stelle, wo früher der Kreuzgang lag. Ein Kreuzgang neben der Kirche ist immer auch spirituelles Zentrum eines Klosters und daher energetisch aufgeladen. In dieser Anlage ist der Kreuzgang der einzige Ort, der kaum beachtet wird. Hier wächst ein Streifen wildes Gebüsch, und das Gelände wird durchkreuzt von einer Einfahrt zu einem Parkplatz, der genau dort angelegt wurde, wo früher das Hospital des Klosters stand. Für mich aber ist das Kreuzganggelände ein ausgesprochener Kraftort, der verdient, wiederentdeckt zu werden.

Wie immer, wenn ich in der Natur bin oder Gärten besuche, fühle ich mich aufgeladen und beseelt. Es macht Spaß, Pflanzen zu begegnen und sich auf sie einzulassen. Ich gerate dann ins Staunen, wundere mich, wie komplex diese Lebewesen sind und wie intelligent sie in sämtliche Kreisläufe der Natur eingebunden sind. Für mich sind Pflanzen unendlich schöne Wesen, die in ganz unterschiedlicher Gestalt daherkommen. Egal ob als unscheinbares Kraut, üppige Blume oder als riesiger Baum, alle Pflanzen sind von vollendeter Ästhetik und machen uns viel Freude, wenn wir uns nur genug Zeit nehmen und genau hinschauen würden. Jede Pflanzenart hat ihren ganz eigenen Duft, alle diese Gerüche ziehen mich magisch an.

Ich muss die Pflanzen auch anfassen, um sie genauer kennenzulernen. Jede Baumart hat ihre eigene typische Borke, und die Blätter der vielen Gewächse unterscheiden sich teilweise erheblich. Sie habe eine charakteristische Struktur, mal sind sie groß oder klein, mal weich, mal fest, dann wieder gefiedert oder nadelförmig. Die Blüten weichen voneinander ab in Größe, Form, Farbe und Duft, und jede Pflanze hat ihren eigenen Geschmack. Meist essen wir die Früchte. Sie sind süß, aromatisch oder bitter, aber auch Blüten und Blätter haben ihre jeweiligen Aromen.

Wenn wir es (wieder) gelernt haben, uns Pflanzen anzunähern, wollen wir einiges über sie wissen. Die meisten Botaniker sind besessen von der Idee, möglichst jede Pflanze einzuordnen und zu benennen – und sind dazu auch in der Lage. Andere kennen sich mit Inhaltsstoffen sehr gut aus. Sie wissen genau, welche Pflanzen oder Pflanzenteile für Menschen oder Tiere wertvoll sind und wie wir sie verwenden können. Außerdem gibt es Menschen, die am liebsten direkt mit den Pflanzen arbeiten. Landwirte zum Beispiel wissen sehr genau, was sie mit Böden und den in ihm wachsenden Pflanzen tun müssen, um später eine gute Ernte zu haben. Auch Gärtner arbeiten oft gestalterisch unter Beachtung der Zusammenhänge in der Natur. Sie haben ein Gespür dafür, wie sie welche Pflanzen positionieren müssen, damit sie ihre volle Schönheit entfalten können.

Und ich gehöre auch zu den Personen, die am liebsten in einem unmittelbaren Kontakt mit den Pflanzen stehen. Der Klostergarten und speziell die Meditation berühren mich jedes Mal stark. Es ist ein besonderes Erlebnis, sich ein wenig Zeit zu nehmen, um Pflanzen auf diese Art zu begegnen. Auf mich wirken sie extrem ausgleichend und sind ein Schlüssel zur Inspiration. Diese Verbindung funktioniert an Kraftorten in der Natur oder in einem Kloster besonders gut.

Noch voll von meinen Erlebnissen, setze ich mich auf eine Bank und denke über mein Leben mit Pflanzen nach. Was können wir nicht alles von Pflanzen lernen. Pflanzen sind wunderschön und dabei völlig uneitel. Sie bilden die Lebensgrundlagen auf unserem Planeten und erwarten keine Gegenleistung dafür. Sie leben um ihrer selbst willen und fragen nicht nach dem Sinn des Seins auf der Erde. Wenn wir Menschen uns auf Pflanzen wirklich einlassen, lehren sie uns, nicht ausschließlich uns selbst zu sehen oder ernst zu nehmen. Wir alle sind Teil der Lebenskreisläufe auf der Erde. Der intensive Umgang mit Pflanzen verbindet uns Menschen mit der Natur und macht Hoffnung auf eine gesündere Welt.

# DURCH DEN WALD MIT OFFENEN AUGEN UND OHREN SPAZIEREN

Seit ich mich erinnern kann, war ich ein Pflanzenfan. Schon als Kind war ich am liebsten im Wald oder im Garten, und bis heute fasziniert es mich, wie Pflanzen leben, welche Rolle sie auf unserer Erde spielen und in welcher Vielfalt sie vorkommen. Im Umgang mit ihnen war ich immer glücklich, und so wurden sie meine ständigen Begleiter. Nahezu meine gesamte Lebenszeit verbrachte ich in der Natur, und noch heute kann ich mir gar nichts anderes vorstellen. Es ist sogar so: Mehr denn je fühle ich mich mit Pflanzen verbunden und habe gelernt, daraus enorme Energie zu schöpfen.

### Bäume und ihre Geheimnisse

Als Kind habe ich fast nur draußen gespielt und so mit den Jahreszeiten gelebt. Wenn im Spätwinter langsam der Schnee taute, gab es kein Halten mehr, augenblicklich ging es hinaus in den Wald. Es roch wunderbar, und der würzig-aromatische Duft feuchter Walderde steckt noch heute in meiner Nase. Am meisten freute ich mich über Laubbäume, die teilweise sehr alt werden und sich vom Frühjahr bis zum Winter ständig wandeln. Im Winter mochte ich sie am meisten, denn sie waren unbelaubt, sodass kein Blatt die Sicht auf ihre einzigartigen Formen störte. Stamm, Rinde, Äste und Zweige waren sehr genau zu erkennen, und in der Dämmerung und im Nebel hatte das einen ganz besonderen Reiz. Ich glaubte, in der Rinde dicker Stämme Gesichter zu erkennen, und stark verzweigte Wurzelsysteme sahen für mich wie Höhlen von Zwergen aus. Ich nahm die Bäume stets als freundliche Wesen wahr, weshalb ich mich im Wald geborgen fühlte. Irgendwie ahnte ich auch, dass Bäume großen Einfluss auf uns Menschen haben, ohne dass ich dies genauer beschreiben konnte. Erst viel später realisierte ich, dass ein ausgiebiger Waldspaziergang ausgesprochen wohltuend für unsere Seele ist.

Der Wald ist natürlich zu jeder Jahreszeit schön, insbesondere aber im Frühling. Ich sah die Sonne die noch lichten Baumkronen durchfluten, und es gab auf dem Boden wunderbare Schattenspiele. Die Vögel fingen an, sich zu paaren, sie bauten Nester und flatterten zwischen den Bäumen hin und her, als diese wieder lebendig wurden und die im Winter ruhenden Knospen zu treiben begannen. Der Waldboden wurde langsam trockener und roch nun nach frischem Humus. Frühlingsblumen wie Buschwindröschen, Maiglöckchen oder Waldmeister blühten üppig, und Insekten schwärmten aus. Sie steuerten die frühen Blüten an und sammelten ihren ersten Pollen.

Im Frühlingswald gab es ständig Neues zu entdecken. An vielen Stellen sah ich zahlreiche Eicheln und Bucheckern keimen. Ich beobachtete sie schon länger und registrierte, dass als Erstes ihre durchnässten, holzigen Wände aufplatzten und starke Wurzeln in den Boden wuchsen. Als Nächstes entwickelten sich Sprosse, die senkrecht Richtung Himmel strebten. Erst als die Wurzeln fest im Boden verankert waren, entfalteten sich die ersten Blätter. Sie waren zunächst cremefarben oder gelb und wurden nach einigen Tagen grün. Sehr viele Keimlinge hatten sich zwischen alten, großen Baumwurzeln angesiedelt. Wahrscheinlich hatten Tiere im Herbst die Früchte gesammelt und hier als Wintervorrat versteckt. Perfekt, denn so wurden Eicheln und Bucheckern auch an Orte gebracht, die weit entfernt von dem Baum lagen, an dem sie heruntergefallen waren. War es nicht so, dass es besonders viele Früchte im Herbst gab, wenn der anschließende Winter lang und kalt wurde? So hatten die Tiere genügend Futter und die Bäume viele Nachkommen. Offensichtlich gab es einen größeren Zusammenhang zwischen den Jahreszeiten, dem Wetter, den Pflanzen und den Tieren.

Oft grub ich Sämlinge aus, um sie mit nach Hause zu nehmen. Die Wurzeln, so stellte ich fest, fühlten sich in Lauberde besonders wohl. Ich war erstaunt, wie schnell die Keimlinge nach dem Umpflanzen größer wurden. Sonne, Wasser und Erde waren scheinbar alles, was die jungen Pflanzen benötigten. Das stimmte aber nicht ganz und nur anfangs, denn ich konnte sehen, dass sich die frisch ausgetriebenen Blätter im Lauf der Zeit veränderten. Sie blieben kleiner und wurden, auch wenn sie älter waren, nicht wirklich grün. Irgendetwas schien im Blumentopf nicht richtig zu funktionieren. Die Erde wurde immer weniger, und es kam mir vor, als wäre die übrig gebliebene Erde viel fester geworden. Jetzt half nur noch eins: nachschauen. Vorsichtig zog ich die kleinen Bäume aus dem Topf und inspizierte die Wurzeln. Die Ballen waren sehr dicht, aber die einzelnen Wurzeln sahen gesund aus. Es gab zwischen ihnen jedoch nur noch wenig Erde, und das musste der Grund sein, warum die Blätter immer mickriger wuchsen. Meine Idee war, dass Bäume vielleicht etwas zu essen brauchten, damit sie gut wuchsen. Bei Tieren und Menschen war das schließlich genauso. In meiner Vorstellung verspeisten die Bäume die Erde. Da lag ich nicht ganz falsch, wie ich später erfuhr.

Pflanzenreste kompostieren. Würmer, Kleinstlebewesen und Bakterien verwandeln sie in Humus und zerlegen diesen weiter in Pflanzennährstoffe. Die Wurzeln nehmen die Nährstoffe zusammen mit dem Wasser aus dem Boden auf. Was war also zu tun? Neue, frische Erde musste her und ein größerer Topf. Kaum waren die Bäume umgepflanzt, wurden die jungen Blätter wieder größer und grün. Den Pflanzen ging es bestens, der Zusammenhang zwischen Wachstum und Erde war erkannt. Intuitiv hatte ich genau das Richtige getan und schon wieder eine wichtige Botschaft der Pflanzen verstanden!

Diese Beobachtung ließ mich schlussfolgern: In dem System Natur hängt alles mit Pflanzen zusammen. Sie prägte mich stark, und mein Interesse für Pflanzen wuchs.

Später im Frühjahr wurde es im Wald schattig, denn die Bäume waren jetzt belaubt. Er war bereit für den Sommer mit seinen langen, manchmal sehr heißen Tagen. Im Wald dagegen blieb es kühl, und es war herrlich, unter großen Bäumen zu liegen. Ihr Blätterdach schützte vor großer Hitze, aber auch vor Regen. Oft sah ich nach den Baumsämlingen, wobei ich erkennen konnte, dass nicht alle groß wurden. Es gab einfach nicht genug Platz. Standen sie zu dicht zusammen, starben sie ab. Sie machten Platz für andere, die dann weiterwachsen konnten. Ich dachte: Die Natur kennt nur das Recht des Stärkeren, und bei Bäumen schien das sinnvoll zu sein. Nur starke Bäume ergeben einen gesunden Wald.

Ob ein Baum dann wirklich groß und alt wurde, hing von verschiedenen Dingen ab. Von den vielen Eichensämlingen etwa hatten nur die mit dem schnellsten Wachstum gute Chancen, einen Platz im Wald zu erobern. Ihre Wurzeln wuchsen tief, verzweigten sich stark und verdrängten die anderen Pflanzen. Sie nahmen das meiste Wasser und damit auch Nährstoffe auf, was ihre Sprosse wiederum schnell wachsen ließ. Diese breiteten ihre Blätter weit aus und bekamen so am meisten Licht. Die etwas langsamer wachsenden Pflanzen waren eindeutig im Nachteil. Der Lichtmangel schwächte die jungen Bäume, und über kurz oder lang gingen sie ein. Ihre Überreste verrotteten im Wald und wurden zu Nährstoffen zersetzt. Doch auch die Sprinter-Bäume wurden nicht automatisch groß, für sie gab es noch Hürden zu nehmen. Manchmal reichte das Licht nicht aus, der Boden war nicht passend – oder andere waren eben noch schneller. Dann starben auch sie ab und wurden in Nährstoffe für ihre Artgenossen verwandelt. Ich verstand nun, warum ein Baum so viele Samen produzieren musste, wollte er sich weiterverbreiten. Denn: Das Leben der Bäume folgte einem größeren Plan.

Nach dem Sommer folgte der Herbst. Die Tage wurden kürzer und kühler, es gab mehr Regen und manchmal auch Sturm. Das Leben in der Natur schien den Atem anzuhalten. Im Wald wurde es stiller, und es gab keinen Vogelgesang mehr zu hören. Jetzt konnte ich Tiere beobachten, die Vorräte für den Winter sammelten. Die Blätter der Bäume wurden bunt, die Früchte reif. Die fallenden Blätter lagen am Boden und begannen zu verrotten – Pflanzennahrung für das nächste Jahr. Der Nährstoffkreislauf, er war regelrecht spürbar. Der Wald und alle anderen Pflanzen regulieren den Wasserhaushalt auf der Erde, denn sämtliche Pflanzen nehmen Wasser aus dem Boden auf und verdunsten es über die Oberflächen ihrer Blätter. In der Luft bilden sich Wolken, die irgendwo abregnen, und so kommt das Wasser zurück in die Erde. Außerdem lernte ich, dass Blattgrün extrem wichtig für unsere Luft ist. Blätter atmen tagsüber Sauerstoff aus. Im Lauf der Zeit haben uns Bäume sehr fruchtbare Böden und eine gute Luft hinterlassen.

In Büchern las ich, dass Buchen (*Fagus sylvatica*) unsere Laubwälder dominieren. Sie streben gerade nach oben, stehen sehr dicht und werfen viel Schatten. Die öl- und eiweißhaltigen Bucheckern waren in Europa wichtige Baumfrucht und versorgten einst Menschen und Tiere. Aus der Rinde wurde früher

Buchenteer gewonnen, innerlich diente sie als Hustenmittel, und äußerlich wurde sie bei rheumatischen Beschwerden und Hauterkrankungen verwendet. In der Pflanzensymbolik – eine mittelalterliche Symbolsprache, in der Pflanzen als Bedeutungsträger verwendet wurden – stand die Buche für Festigkeit, Sicherheit und Behütung, Klarheit, innere Stärke und seelischen Frieden. Die Legende besagt, dass Germanen unter frei stehenden Buchen ihren Göttern blutige Opfer darbrachten und Schädel, Knochen und Felle in den Bäumen aufhängten, um sie wohlgesonnen zu stimmen. Aus diesem Grund sollen unter manchen sehr alten Exemplaren bis heute blutgierige und gnadenlose Dämonen lauern. Die glatte Rinde enthält Gerbstoffe, sie wirken fiebersenkend, appetitanregend und desinfizierend. Heute werden homöopathische Zubereitungen der Buchenholzkohle bei Entzündungen der Atemwege, Krampfadern und Schwäche der Verdauungsorgane empfohlen. Spannend für mich ist auch die Stellung der Buche in der Blütentherapie des britischen Arztes Edward Bach (1886–1936), denn sie arbeitet mit der Seele der Pflanzen. Bach ordnete der Blutbuche Mitgefühl und Toleranz zu, im negativen Zustand aber Härte und Engstirnigkeit. In der Tat unterstützt die Blütenessenz die Meditation über Tod, Leere und Sterben und hilft, den inneren Frieden zu finden.

Die Eiche (*Quercus robur*) hingegen ist von einem ganz anderen Format. Sie ist ein mächtiger Baum mit hochstrebenden, raumgreifenden Kronen und rissiger Rinde. Eicheln gehörten zur frühsten Nahrung der Menschen und boten die Grundlage für die Schweinemast. Wie groß die Bedeutung der Eiche außerhalb dieser essentechnischen Tatsache war, ist ebenfalls in Mythen und Legenden abzulesen. Gerade wenn es sich um Bäume im biblischen Alter handelt, muten Eichen wie Urgeschöpfe an, und deshalb galten sie auch als Repräsentanten der Urmacht des Waldes oder als Vertreter der Götter. In der Pflanzensymbolik bedeutete der Baum Urkraft, Ewigkeit, Fruchtbarkeit, Schutz, Verlässlichkeit und Tor zum Licht. Menschen haben die Eichen stets mit großer Achtung und Ehrfurcht verehrt. Als der – laut griechischer Mythologie – thessalische König Erysichthon eine heilige Eiche im Hain der Erdgöttin Demeter fällte, strafte sie ihn mit unstillbarem Hunger. Die Germanen zollten der Eiche ebenso höchste Bewunderung. Mächtige Exemplare prägten ihre Naturtempel, und das Volk opferte dem Vegetationsgeist der Bäume Gaben. Sie übertrugen ihm Krankheiten und unterbreiteten ihm Sorgen und Kummer. Vor der Einführung des Christentums versammelten sich die Stämme im Eichenhain, um über Krieg und Frieden zu beschließen. Außerdem waren Eichen den Göttern geweiht, dem Donnergott Thor, und wurden gepflanzt, um Häuser vor Blitzeinschlag zu schützen. Weil die tiefreichenden Pfahlwurzeln von Eichen oft im Grundwasser stehen, ziehen sie tatsächlich Blitze an. Das harte Eichenholz steht im Ruf, unverwüstlich zu sein, es wurde zum Bau von Grabkammern keltischer und germanischer Fürsten verwendet. Seit dem 18. Jahrhundert gelten bei uns Eichenblätter als Sinnbild für Heldenmut und Treue und dienen als Siegeslorbeer.

Ein so mächtiger Baum ist natürlich auch eine wichtige Heilpflanze. Abkochungen der Eichenrinde wirken wundheilend, blutstillend, gewebefestigend, entgiftend und stärkend. Sie werden äußerlich in Bädern oder Umschlägen zur Behandlung von Hauterkrankungen oder Schweißfüßen verwendet. Der Tee hilft bei Infekten im Mund- und Rachenraum, bei akuten Durchfällen sowie bei Magen- und Darmstörungen. Bachs Blütentherapie verbindet die Eiche mit dem Seelenpotenzial der Kraft und Ausdauer. Im negativen Zustand werden diese Charakterzüge zu starr gehandhabt.

Linden sind nicht weniger grandios als Eichen. Linden (*Tilia*) sind stattliche Bäume mit weit ausladenden Kronen. Die Baumcharakteristik schreibt ihnen sinnliche Liebe, Gemeinschaftssinn und Entspanntheit zu, und in der Pflanzensymbolik wies die Linde auf Schutz, Geborgenheit, Güte, Liebe und weibliche Tugend hin. Wie kaum ein anderer Baum verbindet sich die Linde im deutschsprachigen Raum mit dem Begriff «Heimat». Kein Wunder, denn schon die Germanen hatten den Baum der Muttergöttin Freya geweiht, und älteste Heiligenstatuen wurden aus Lindenholz gefertigt. Der Linde wurde nachgesagt, sie vertrage kein Unrecht, weshalb an vielen Orten Gericht unter Linden gehalten wurde. Eine Gruppe von drei oder sieben Gerichtslinden garantierte höchste Ordnung und Weisheit. Unter diesen Bäumen wurden bei Thing-Versammlungen alle Belange der Gemeinschaft besprochen und Entscheidungen oder auch Urteile gefällt. Heute ist die Linde eine beliebte Heilpflanze. Lindenblütentee wirkt schweißtreibend, schleimlösend, fiebersenkend, entspannend und beruhigend und wird bei fiebrigen Erkältungen und Husten getrunken. Homöopathische Anwendungsgebiete sind Rheuma, Hautausschläge, Infekte und Entzündungen der weiblichen Geschlechtsorgane.

Neben Bäumen wachsen im Wald noch viele krautige Pflanzen. Besonders der schon erwähnte Wurmfarn (*Dryopteris filix-mas*) gilt als geheimnisvoll. Die uralte Pflanze lieferte nämlich reichlich Stoff für Mythen und Sagen. Das Wort «Farn» gab es schon im Althochdeutschen und bedeutete so viel wie «Flügel». Das verwundert sicher niemanden, der die langen Farnwedel und ihre Anordnung schon einmal genau betrachtet hat. Die mehrjährige Pflanze stammt aus der Familie der Schildfarngewächse und ist in den Wäldern und im Gebüsch Europas, Nordamerikas und Nordasiens zu Hause. Aus dem kräftigen Wurzelstock sprießen in jedem Frühjahr dunkelgrüne, doppelt gefiederte Wedel, die bis zu 100 Zentimeter lang werden können und im Juni auf der Unterseite Sporen tragen, mit deren Hilfe sich die Pflanzen vermehren.

Wurmfarn wächst am liebsten in schattigen und feuchten Waldgegenden und wurde früher als Heilpflanze verwendet. Extrakte der Wurzeln waren Mittel zum Vertreiben von Bandwürmern. Diese Mittel sind nur in hohen Gaben wirksam, ihre Anwendung ist daher immer sehr riskant. Daneben wurde dem Farn eine magische Ausstrahlung nachgesagt, und nicht von ungefähr wurde er auch als Zauberpflanze gehandelt. Es hieß, dass das Farnkraut nur um Mitternacht blühe und die Blüte verschwinde, wenn sich ihr ein Mensch nähere. Andere Geschichten erzählen, dass Farne allein in der Johannisnacht ihre begehrten Samen abwerfen. Farnsporen brachten Glück für alle Unternehmungen, schützten vor Hexerei und schwarzer Magie oder wurden eingesetzt, um Blitz und Unwetter abzuleiten. Man sagte, wenn der Mensch Farnsporen im Schuh trägt, verfügt er über magische Kräfte. Er konnte sich unsichtbar machen oder die Sprache der Tiere verstehen. Um Sporen zu ernten, so wurde auch verkündet, solle man sich auf einen Kreuzweg im Wald begeben, sieben Kreuze aus Holunderzweigen um den Farn stecken und die eigenen Kleider unter die Pflanze legen. Anschließend müsse man wachend auf die Mitternacht warten, das Farnkraut ließe dann seinen Samen fallen. Der glückliche Besitzer der Samen bräuchte sich nie wieder zu fürchten und würde alle verborgenen Schätze finden. In manchen Gegenden galt das Farnkraut als Irrwurz. Wer zu nächtlicher Stunde über solch eine Pflanze schritt, verlor die Orientierung und fand seinen Weg nicht wieder.

## Gibt es Pflanzengeister?

In den Mythologien fast aller Kulturen sind Schutzpatrone, Heilige oder Götter bekannt, die die Natur und das Pflanzenreich bewahren. In Persien galt zum Beispiel Amerdad als der Schutzgott der Pflanzen und Bäume. Er pflegte den ersten Baum der Schöpfung, von dem alle heilenden Gewächse abstammen. Bei den Griechen kannte man Demeter als Erdmutter und Göttin der Fruchtbarkeit, und auch die Römer hatten Götter, die Häuser und Felder schützten. Kelten und Germanen hatten wiederum ihre Wesen, die für Pflanzen und die Natur zuständig waren. Die Germanen hatten die Weltenesche, den Weltenbaum Yggdrasil, und nutzten sie als Orakel. Die Kelten erschufen die Göttin Nimue als Hüterin der Quelle, und Alus war der Gott der Felder und der Fruchtbarkeit. Außerdem gab es die Druiden, sie galten als weise Männer und wurden als Heiler und Priester verehrt. Bis heute wird in allen Naturvölkern der Erde Schamanismus betrieben, und in dieser Welt sind Pflanzengeister von allergrößter Bedeutung. Auch bei uns sind zahlreiche heidnische Pflanzenbräuche überliefert, so nutzen christliche Kirchen Kräuter zum Räuchern oder zumindest als Symbole. Pflanzen wurden also schon immer in spirituellen oder auch religiösen Zusammenhängen eingesetzt. Alte Zauberbücher und Recherchen von Ethnologen berichten davon.

Pflanzentränke, Zaubersprüche und rituelle Handlungen werden vielfach als sehr wirksame Heilmittel beschrieben. Nachvollziehbar, da Pflanzen und Menschen schließlich eng miteinander verbunden waren. Lange waren Menschen der Auffassung, dass Krankheiten von Elfen, Würmern oder Schlangen verursacht werden, die in ihrer Vorstellung böse Geister waren. Besonders deutlich macht das der häufig zitierte angelsächsische Neunkräutersegen aus dem 9. oder 10. Jahrhundert: Ein krankmachender Wurm kriecht zu einem Menschen und zerreißt ihn. Da nimmt Gott Wodan neun Kräuter in die Hand, spricht seinen Kraft- oder Zaubervers und zerschlägt den Wurm in neun Stücke, um Heilung herbeizuführen. Noch heute kennen wir die Tradition der Neunkräuter- oder Gründonnerstagssuppe. In vielen Regionen ist sie ein traditionelles Gericht zur Begrüßung des Frühlings.

In den Märchen der Brüder Grimm ist die bei uns weitverbreitete Brennnessel eng mit Blitz und Donner verbunden. Am Gründonnerstag wurden Brennnesseln gesammelt und auf dem Dachboden getrocknet und gelagert. So meinte man, das Haus vor einem Blitzschlag zu bewahren. Außerdem wurden Brennnesseln eingesetzt, um Lebensmittel haltbar zu machen oder Äcker vor Vogelfraß und Insekten zu schützen. In der Walpurgisnacht wurde der Viehdung im Stall mit Brennnesselzweigen geschlagen. Dieses Ritual sollte dafür sorgen, dass Hexen dem Vieh und den Höfen fernblieben.

Heute gilt unsere Gesellschaft als aufgeklärt – und doch stellt sich für einige von uns die interessante Frage: Gibt es Pflanzengeister? Und wenn ja, haben die Geister der Brennnessel die Kraft, in bestimmten Situationen Schutz zu gewähren? Fragen Sie doch einfach einmal einen modernen Biogärtner. Er wird ihnen sagen, wie segensreich der Einsatz von Brennnesseljauche im Garten ist. Sie versorgt den Boden mit vielen Nährstoffen und wird als biologisches Pflanzenschutzmittel eingesetzt. Für mich war genau diese Pflanze der Schlüssel zu der Erkenntnis, dass Pflanzen anderen Pflanzen im Garten helfen.

In vielen Erzählungen werden den Pflanzen menschliche Eigenschaften zugesprochen. Das mag für die allermeisten befremdlich sein, und dennoch kann ich mir gut vorstellen, dass die einzelnen Pflanzengruppen von einer größeren Intelligenz gesteuert werden. Lassen Sie uns ruhig von Naturkräften sprechen, denn die Intelligenz der Natur ist mit Sicherheit größer, als wir Menschen es vielleicht vermuten.

Mir jedenfalls gefällt die Idee, dass es scheinbar übergeordnete Instanzen gibt, die in das Geschehen der Menschenwelt eingreifen können, wenn es notwendig erscheint. Pflanzen wurden schließlich oft genug als gute Geister beschrieben, die immer wieder versuchten, den Menschen einen Weg, einen Ausweg zu zeigen. Außerdem wurden sie ja zum Räuchern eingesetzt, um böse Geister zu vertreiben.

### Die Stimme der Pflanzen

*In der Natur sind Wachstum und Vergehen ein ewiger Kreislauf. Dieser funktioniert nur mit uns Pflanzen, Tieren und Menschen im Team. Allein unsere kräftigsten Artgenossen setzen sich durch und halten uns vital und gesund. Wir Pflanzen leben in großen Gesellschaften und schaffen und verbessern die Lebensgrundlagen auf unserem Planeten. Wir bieten den Menschen eine stressfreie Umgebung und schenken ihnen Ruhe und Kraft. Uns Pflanzen gibt es schon ewig, und wir sind sehr eng mit den Menschen verbunden. Sie erzählen viele Geschichten über uns und hören doch sehr selten, was wir ihnen zu sagen haben.*

# INTUITION – DIE WEISHEIT DER PFLANZEN

Bäume, so hatte ich im Wald festgestellt, sind großartige Wesen, und durch meine Experimente hatte ich viel über sie gelernt. Doch wie verhielt es sich mit anderen Pflanzen? Dieser Frage musste ich unbedingt nachgehen.

### Der Garten ein lebendiges Wesen

Ich wuchs in einem Haus mit großem Garten auf. In ihm wuchs alles, was die Familie brauchte. Es gab Beete mit Kartoffeln, Kohl, Erdbeeren, Möhren, Zwiebeln, Erbsen, Bohnen, Tomaten, Gurken, Radieschen und Salat. Auf Rasenflächen wuchsen alte Obstbäume, manchmal legte ich mich in die Wiese, schaute in die Baumkronen hinauf und begann zu träumen. Die Bäume sorgten dafür, dass wir den ganzen Sommer über frisches Obst hatten: verschiedene Apfelsorten, Kirschen, Birnen und Zwetschen. Nicht zu vergessen die viele Büsche mit Beerenobst, von denen ich oft naschte. Was wir nicht aufessen konnten, wurde eingelagert, zu Marmelade verkocht oder eingemacht. So gab es auch im Winter Obst aus dem eigenen Garten.

Hinten auf dem Grundstück standen ein alter Schuppen und eine Laube. Dort wurde alles gelagert, was für die Gartenarbeit gebraucht wurde. Neben der Laube befand sich ein Brunnen mit einer Schwengelpumpe, und hinter einer hohen Hecke eine große Feuerstelle und ein riesiger Komposthaufen. Dort wuchsen massenhaft Wildkräuter. Wunderbar!

Im Garten waren die Jahreszeiten hautnah zu spüren, denn er veränderte sich ständig. Wie geradezu spektakulär war es, wenn im Frühling die Sonne langsam an Kraft gewann, um den Boden zu erwärmen und erste Pflanzen sprießen zu lassen. Lange bevor Gras wuchs oder Büsche und Bäume Blätter austrieben, waren die ersten Blüten zu sehen. Unser Garten war voller Winterlinge, Schneeglöckchen und Krokusse, die schon bald von ersten Insekten besucht wurden. Es kam vor, dass es noch einmal schneite, sodass die zarten Blüten von Schnee bedeckt wurden. Trotz ihres filigranen Aussehens waren sie so stark, dass sie sich durch geschlossene Schneedecken schieben konnten. Mir hat sich ein Bild besonders eingeprägt: wunderschön geformte, manchmal farbige, immer duftende Blüten in der hellen Mittagssonne im weißen Schnee. Dazu Tage mit wolkenlosem, tiefblauem Himmel, die alles perfekt abrundeten. In der Mittagssonne taute die Erde an und verströmte ihren ganz eigenen Geruch, der sich mit dem feinen Duft der Blüten und des schmelzenden Schnees vermischte. Abends, wenn die Sonne unterging, wurde es oft wieder kalt, und der Frost versiegelte die feinen Düfte.

Doch woher wussten oder ahnten die Blumen, dass bald Frühling sein würde und dass sie genau dann zu blühen hatten, wenn die ersten Insekten flogen? Ging es um Wärme und Licht, oder steckte noch ein anderes Geheimnis dahinter, warum Blüten und Insekten zeitgleich im Garten waren, auch wenn vor kurzem noch tiefster Winter war? Irgendwie mussten sich die Insekten mit den Blumen verständigen, oder? Damals stellte ich mir vor, dass die Pflanzen die Insekten «riefen», doch wirklich geklärt wurde diese Frage für mich nie.

Wurden die Tage wärmer, lag nicht nur in der Luft eine große Geschäftigkeit. Die Beete im Garten wurden bestellt, und es gab viel zu tun, wenn man im Sommer und Herbst etwas ernten wollte. Der Boden wurde bearbeitet, es wurde gesät und gepflanzt. Bis heute fasziniert es mich, wie schnell die Pflanzen im Frühjahr wachsen.

Nach einem arbeitsreichen Frühling folgt eine etwas ruhigere Zeit. Die Beete sind bestellt, jetzt geht es darum, den Garten zu pflegen, auf Gemüse und Obst zu achten – und alles einfach nur zu genießen.

Geht der Sommer zu Ende, beginnt die Zeit des langsamen Rückzugs. Seit meiner Kindheit ist der Herbst mit einem sehr starken Gefühl verbunden. Es gibt Tage, an denen ich eine tiefe Sehnsucht verspüre und gar nicht so genau weiß, wonach. Auf jeden Fall genoss ich es in jedem Herbst sehr, dass die Pflanzen und auch die Menschen ruhiger wurden. Die Erntezeit ging langsam zu Ende, der Garten wurde umgestaltet oder für den Winter fit gemacht. Das letzte Gemüse wurde aus den Beeten genommen und frisch verkocht oder eingelagert. Am meisten freute ich mich auf die Apfelernte, denn ich liebte es, in die Bäume zu klettern. Bis heute staune ich, was Obstbäume alles leisten und wie wir Menschen davon profitieren.

Ein besonderes Highlight war die Kartoffelernte auf den Äckern meiner Verwandten. Die Kartoffeln wurden mit einer Haspel aus der Erde geholt und mussten von vielen Helfern aufgelesen werden. Sie wurden in Säcke gepackt und mit dem Anhänger abtransportiert. Zum Schluss wurde die Ernte geteilt, und alle hatte genügend Kartoffeln für den Winter. Die Arbeit auf dem Feld machte mir Spaß, besonders die gemeinsamen Pausen. Jeden Tag brannte ein Kartoffelfeuer, und mittags wurde immer ein riesiges Picknick abgehalten. Noch heute macht es mich glücklich, wenn ich die feuchte Erde eines frisch bearbeiteten Ackers riechen kann.

Wenn wir im Herbst den Himmel beobachten, können wir ein schönes Naturschauspiel sehen. Die Zugvögel, satt gefressen, formieren sich und machen sich auf ihren langen Weg gen Süden. Spätestens jetzt ist es an der Zeit, sich ein wenig zu besinnen und Dankbarkeit für die Geschenke der Natur zu empfinden.

## Obstbäume und gefühltes Wissen

Unser Garten war also eine ideale Umgebung, um noch mehr Pflanzen zu entdecken. Von klein auf lernte ich, dass, wenn wir uns um unsere Pflanzen kümmern, wir eine gute Ernte haben werden. Am sichtbarsten schien es für mich bei den Obstbäumen zu sein, denn sie trugen in fast jedem Jahr reichlich Früchte. Im Frühjahr wurden die Bäume von Tausenden von weißen oder rosafarbenen Blüten überzogen, meist schon bevor die ersten Blätter wuchsen. Was für ein Anblick nach den grauen Wintertagen! Die fein duftenden, leuchtenden Blüten lockten Bienen und andere Insekten in den Garten, und ihr Flirren und Summen waren die schönsten Vorboten des Sommers. Irgendwann war die Blütezeit zu Ende, die Blütenblätter fielen ab und legten sich wie ein Teppich auf den Rasen. Kurze Zeit später war an den Bäumen der erste Fruchtansatz zu sehen. Ganz ohne Arbeit funktionierte es nicht, denn die Büsche und Bäume wurden in fast jedem Jahr geschnitten.

Ich überlegte: Wie können sich diese Bäume verjüngen und vermehren? Viele Sämlinge waren im Garten ja nicht zu finden, außer manchmal unter den alten Kirschbäumen. Ich begann, Fruchtkerne zu sammeln, denn unbedingt wollte ich herausfinden, wie Obstbäume zu vermehren sind. Ich steckte die Kerne in Blumentöpfe mit Erde und wartete darauf, dass die ersten kleinen Bäume wuchsen. Was für eine Geduldsprobe! Viele der Kerne sind später auch wirklich gekeimt, aber als die Sämlinge endlich zu jungen Bäumen heranwuchsen, musste ich feststellen, dass sie erst nach einigen Jahren blühen. Und blühen mussten sie ja, denn sonst konnten sie keine Früchte ansetzen. Nachdem die Bäumchen endlich Blüten und später auch Früchte angesetzt hatten, war die Enttäuschung zunächst groß. Die Früchte waren viel kleiner und schmeckten überhaupt nicht so gut wie die von den alten Bäumen im Garten. Ich begann zu forschen, lernte die Kunst der Veredelung kennen und verstand, warum man Obstkerne nicht einfach aussäen kann. Für mich hieß das: Einzig Menschen können Obstbäume vermehren, und sie tun das nur, wenn ihnen die Früchte gut schmecken. Wie clever doch Bäume waren, wenn sie Menschen dazu bringen konnten, für ihre Verbreitung zu sorgen und sie auch zu pflegen! Eine tolle Symbiose!

Über Obstbäume gibt es viel zu erzählen. Der Kulturapfel (*Malus domestica*) zum Beispiel stammt aus der Familie der Rosengewächse und ist unser wichtigstes Obst. Folglich ist er heute in Hunderten von Sorten weit verbreitet. Das war nicht immer so, denn zunächst wurden Äpfel als Wildobst gesammelt, bevor die Menschen sie kultivierten. Dabei handelte es sich um den um den in Europa heimischen Wildapfel *Malus sylvestris*, den Holzapfel. Wildäpfel lassen sich sehr gut durch Samen vermehren und wurden vermutlich schon von den ersten Bauern vor Jahrtausenden gepflanzt. Doch Wildäpfel sind klein und holzig und haben einen säuerlichen Geschmack. Die Kulturformen des Apfels sind größer, schmecken viel besser und wurden seit der Antike verbreitet. Sie entstanden durch Veredelung, einer Technik, die ursprünglich in Asien entwickelt wurde und in Europa erstmals von den Griechen und Römern angewendet wurde. Durch Letztere gelangte diese Technik auch in unsere Breiten, und im Lauf der Jahrhunderte entstanden so Tausende von Sorten.

Heute kennen wir den Apfel als einen bis zu zehn Meter hohen Baum mit geraden oder aufsteigenden Ästen, einer Pfahlwurzel (wächst vertikal in die Erde) und schuppiger Borke. Der Baum blüht von April bis Mai und trägt im Herbst Früchte in verschiedenen Größen und Farben. Der Apfel ist als Obst heute nicht mehr wegzudenken, worüber man aber nicht vergessen sollte, dass er eines der wichtigsten Pflanzensymbole war und ist. Schon früh war er ein Sinnbild für die Erde, und in vielen Kulturen war der Apfel den Göttinnen der Liebe und Fruchtbarkeit zugeordnet. Er stand für Neuanfang, Leben im Tod, Liebe, Schönheit, Versuchung, Reinigung von allem Laster, aber auch für den Sündenfall. Der Reichsapfel galt als Symbol der Vollkommenheit der Welt und wurde erstmals von Alexander dem Großen als Zeichen seiner Macht benutzt. Der Baum selbst versinnbildlichte Verführung, sinnliches Verlangen und erotische Unerfahrenheit.

Äpfel sind sättigend, durststillend und gesund. Frisch gerieben, wirken sie leicht stopfend und werden Kindern mit leichten Durchfallerkrankungen gegeben. Apfelpektin, ein natürlicher Bestandteil von Äpfeln, wirkt schleimhautschützend und blutgerinnungsfördernd und wird bei inneren und äußeren Blutungen angewendet. Die Schalen reifer Äpfel sind häufig Bestandteil von Haus- und Arzneitees. Vorsicht: Die Samen gelten als schwach giftig, man sollte sie besser nicht verzehren!

Auch die Kulturbirne (*Pyrus communis*) stammt aus der Familie der Rosengewächse und ist genau wie der Apfel ein Produkt von Züchtungen und Veredelungen. Kulturbirnen werden bis zu 15 Meter hoch, Wildbirnen bis zu 20 Meter. Sie haben ebenfalls gerade oder aufsteigende Äste, eine Pfahlwurzel und eine schuppige Borke. Die Blätter ähneln denen der Apfelbäume, und die weißen Blüten erscheinen von April bis Mai. Bei den Früchten handelt es sich um birnenförmige Apfelfrüchte.

Erste Hinweise für die Züchtung von Birnen sind bei dem

griechischen Philosophen und Naturforscher Theophrast zu finden. Er beschreibt 300 v. Chr. drei Birnensorten und erwähnt die Technik des Pfropfens zur Veredelung. Der römische Gelehrte Plinius der Ältere wusste gut 350 Jahre später von neununddreißig Sorten in seiner *Naturalis historia* zu berichten; im 19. Jahrhundert waren in Mitteleuropa schon rund tausend Sorten bekannt. Ihre Wildform ist die Holzbirne, die bei uns immer noch heimisch ist.

In europäischen Völkern war die Birne vielfach Bestandteil von Mythen und Sagen. Sie soll dem Menschen aus dem Paradies nachgezogen sein, und die Germanen sahen in Birnen den Sitz mächtiger Vegetationsgottheiten. Sie zollten ihnen größten Respekt und waren der Ansicht, dass Birnbäume in der Lage sind, sich die Krankheiten der Menschen aufzuladen. In der Pflanzensymbolik stand die Birnenfrucht für Halt, Schutz, Stabilität, Fruchtbarkeit, Gerechtigkeit, göttliche Liebe, Trauer und Trennung. Der Baum selbst symbolisierte wohlwollende Zuwendung, aber auch sündige Triebhaftigkeit und Verführung.

Die heute existierenden Birnensorten werden in Tafel- und Wirtschaftsbirnen unterteilt. Während man Tafelbirnen roh isst, werden Wirtschaftsbirnen zu Dörrobst oder Most verarbeitet. Birnen enthalten Schleim-, Mineral- und Gerbstoffe sowie Fruchtsäuren. Sie werden gekocht oder als Saft zur Diätkost bei Herz- und Kreislauferkrankungen verwendet. Mostbirnen weisen besonders viele Gerbstoffe auf, man nutzt sie zum Klären von Wein. Ein Tee aus frischen Birnenblättern wirkt antibakteriell und ist Bestandteil von Blasen- und Nierentees.

Die Süßkirsche (*Prunus avium*) gehört ebenfalls zur Familie der Rosengewächse und zählt zu unseren beliebtesten Baumfrüchten. Sie wird bis 20 Meter hoch, hat gerade oder aufsteigende Äste, eine rötliche Ringelborke und ist ein Herzwurzler (bei diesem Wurzelsystem handelt es sich um eine Mischform von

Tief- und Flachwurzlern). Die weißen Blüten blühen von April bis Mai, im Sommer entwickeln sich dann aus ihnen – wurden sie bestäubt – kugelige Steinfrüchte. Forscher fanden Steine der Vogelkirsche (*Prunus avium subsp. avium*), der Urform unserer Süßkirsche, in Siedlungen aus der Steinzeit. Damit zählt die Kirsche zu einer der ältesten Obstpflanzen. Ihre Heimat liegt in Kleinasien, in den Gebieten der heutigen Türkei. Bereits vor der Zeitenwende brachte ein römischer Feldherr die dunkelrote Frucht nach Italien, von wo aus sie in ganz Europa verbreitet wurde. Somit waren den Griechen und Römern Kulturformen der Kirsche bekannt, sie wurden genau wie die Wildkirsche in Schriften beschrieben.

In vielen Sagen wird der Kirschbaum als Wohnstätte von Wald- und Baumgeistern beschrieben, die Seelen Verstorbener wurden in seiner Nähe vermutet. In vorchristlicher Zeit war der Kirschbaum unter anderem Artemis, der Göttin des Todes, geweiht. Außerdem galt er als Mondbaum und symbolisierte wie der Mond den Zyklus von Leben und Tod. In der Pflanzensymbolik war der Baum Ausdruck der Trinität und der Vierheit als höchstes Ordnungssystem. Er stand für Wunscherfüllung und brachte jede Art von Glück. In der Baumcharakteristik verstand man die Kirsche als Baum der Fülle und Pracht, der Vollendung, Schönheit, Erotik, Unschuld, Sünde und Selbstfindung.

Heute ist die Süßkirsche eine Obstart, die auf Plantagen angebaut wird und in keinem Obstgarten fehlen darf. Kirschen wirken blutreinigend, abführend und desinfizierend. Abkochungen der Rinde gelten als fiebersenkend. Kirschholz zählt zu den schönsten und wertvollsten Nutzhölzern. Es eignet sich als edles Furnier, für Drechselarbeiten, auch zum Bau von Musikinstrumenten.

## Auf Du und Du mit dem Gemüse

Auch im heimischen Gemüsegarten gab es viel zu entdecken. Jedes Jahr im Frühjahr wurden Saatkörner in Reihen in die Erde ausgelegt, woraus dann leckeres Gemüse wuchs. Manches Gemüse wurde jedoch nicht gesät, sondern in größeren Abständen gepflanzt. Einige Pflanzen entwickelten sich schnell, andere brauchten ziemlich lange, bis sie endlich geerntet werden konnten. Ich beobachtete, wie kleinste Saatkörner es schafften, unter der Erde zu keimen und Sprosse und winzige Blätter durch die Erde zu schieben. Danach erforderte der Gemüsegarten viel Arbeit, um eine gute Ernte zu erhalten – ganz anders als im Wald oder im Obstgarten. Die Beete mussten gejätet werden, und an heißen Tagen wurde hier viel gewässert.

Waren im Herbst alle Beete abgeerntet, wurden die Kompostkisten hinter der Hecke geleert und ihr Inhalt auf den Gemüsebeeten verteilt. Diese Kisten wurden permanent mit Pflanzenresten oder Küchenabfällen gefüllt, stets bis zum Rand. Erstaunlicherweise waren sie schon wenige Tage später nicht mehr ganz voll. Ich verfolgte diesen Vorgang und wollte das Geheimnis ergründen. Beim Graben in einer der Kisten stellte ich fest, dass die unteren Schichten aus dunkler, feuchter Erde bestanden. Interessant, denn ich hatte genau beobachtet, dass nur Pflanzenreste in die Kisten gelegt wurden. Sie mussten sich folglich in Erde verwandelt haben. Ich sah weiterhin viele Regenwürmer in der Erde: Hatten etwa die Würmer die Pflanzenreste gefressen und dann ausgeschieden? Ich erinnerte mich an den Waldboden, in dem meine Bäume so gut wuchsen. Es musste da einen Zusammenhang geben. So wie die Blätter im Wald zu Erde zerfielen und die Bäume gern in ihr wuchsen, so musste es auch in der Kiste mit den Gartenabfällen sein. Die Pflanzenreste wurden zu Erde, die im Herbst in den Gemüsegarten kam. Das war sicher der Grund, warum die Pflanzen im Beet jedes Jahr so kräftig wuchsen. Der gleiche Kreislauf wie der, den ich im Wald beobachtet hatte, nur mit dem Unterschied, dass Menschen bestimmten, welche Pflanzen im Beet wachsen sollten.

Schon früh wurde mir ein eigenes Beet im Gemüsegarten zugewiesen, auf dem ich selbst Pflanzen anbauen konnte. Ich mochte Salat, Radieschen, Kohlrabi, Möhren und Erbsen besonders gern. Nach und nach entwickelte ich ein Gespür dafür, dass im Frühjahr am besten erst dann ausgesät wird, wenn der Boden wirklich warm ist. Im Frühjahr und Sommer musste ich regelmäßig jäten und hacken, damit meine Pflanzen genug Platz zum Wachsen hatten. Wurde es sehr warm und hatte es lange nicht geregnet, begannen viele Blätter zu welken. Schnell musste ich dann Wasser aus der Regentonne holen, um das Beet zu gießen. Nur kurze Zeit später richteten sich die welken Blätter wieder auf und wirkten schön knackig. Noch eines bemerkte ich: Nicht alle Pflanzen brauchen gleich viel Wasser. Die Blätter einiger Gemüsesorten welkten selten, während die Blätter anderer Pflanzen schon am Boden lagen, wenn zwei Tage lang die Sonne schien. Salat war so ein Fall. Einmal schaffte ich es nicht, mein Beet zu wässern, und machte am nächsten Morgen eine Entdeckung: Über Nacht hatten sich viele der welken Blätter wieder aufgerichtet und waren so frisch, als wären sie gegossen worden. Fortan beobachtete ich mein Beet noch genauer, um herauszufinden, wann wirklich gegossen werden muss. Ich bohrte mit dem Finger in die Erde und merkte, dass trockene Erde viel wärmer war als feuchte. Das Wasser regulierte offenbar die Temperatur im Boden. Ich konnte mir vorstellen, dass Pflanzenwurzeln bei Hitze und Trockenheit kaum Lust hatten zu wachsen und dass dann auch die Blätter nicht so gut versorgt wurden.

Doch es musste Möglichkeiten geben, Wasser zu sparen und

weniger zu gießen. In der Kompostkiste hatte ich gesehen, dass die Erde der unteren Schichten immer schön feucht war, auch wenn es lange nicht geregnet hatte. Das musste daran liegen, dass Pflanzenreste auf der Erde lagen und dafür sorgten, dass diese kühl blieb und nicht so viel Wasser verdunstete. Ein genialer Trick, fand ich, dass abgestorbene Pflanzenteile der Erde halfen, kühl und feucht zu bleiben. So konnten Pflanzen selbst für gute Lebensbedingungen sorgen. Und was auf dem Komposthaufen passierte, musste doch auch auf dem Beet möglich sein. Ich deckte also die nackte Erde meines Beets mit einer Schicht Rasenschnitt ab und schaute, was geschah. Das Ergebnis war wirklich überzeugend, denn unter der Rasenschicht blieb die Erde feucht und locker. So konnte ich viel Wasser sparen und erkannte noch einen anderen Vorteil: War der Boden abgedeckt, wuchsen nicht so viele Wildpflanzen zwischen den Gemüsepflanzen. Prima, denn ich hatte längst gemerkt, dass alle Pflanzen im Beet um Wasser, Nährstoffe und Platz kämpften. Ich fühlte mich großartig, denn ich hatte ein wenig mehr verstanden, was Pflanzen zum Wachsen brauchten.

Meine Pflanzen gediehen nun sehr gut und veränderten sich fast jeden Tag. Doch wo kam das Saatgut eigentlich her? Die Antwort auf diese Frage erhielt ich schneller als gedacht. In einem Frühjahr war es besonders warm und feucht, und Salat und Radieschen wuchsen rasend schnell. So schnell, dass ich nicht alles im Beet rechtzeitig ernten und verbrauchen konnte. Alles, was nicht gegessen wurde, blieb einfach im Beet stehen. Ich war erstaunt über das, was daraufhin mit den Pflanzen geschah. Salat und Radieschen begannen zu blühen, was wunderbar aussah. Wo Blüten wachsen, das wusste ich mittlerweile, musste es irgendwann auch Früchte geben. Ich musste die Pflanzen nur stehen lassen, um die Samen zu sammeln. Ich konnte also Gemüse anbauen, und alles, was ich dazu brauchte, fand ich im Garten. Es gab Erde, Samen, Regenwasser und Kompost, mehr benötigten die Pflanzen nicht. Wald und Garten. Sie beide schienen wie Kreisläufe zu funktionieren.

Später, viel später, realisierte ich, dass die Kreisläufe im Garten nicht völlig geschlossen sind. Schließlich wird ja immer etwas geerntet und dem Garten entnommen. Mir dämmerte, dass die Pflanzen vielleicht etwas mehr Nahrung brauchten, als sie im Kompost fanden. Die Antwort fand ich auf dem kleinen Bauernhof, auf dem ich oft Ferien machte. Am Rande des Hofs war ein Misthaufen. Er roch streng, besonders, wenn frischer Mist aus dem Stall dazukam. Nach und nach schrumpften die älteren Schichten, genau wie auf einem Komposthaufen. Im Herbst oder Winter wurden Teile des Haufens auf einen Anhänger verladen und auf den Feldern und im Garten verteilt. Scheinbar wurden dem Boden so die Nährstoffe gegeben, die ihm für die Pflanzen noch fehlten. Menschen und Tiere helfen also den Pflanzen, so dachte ich, um gesund zu wachsen und sich zu verbreiten. Dafür erhalten sie die notwendige Nahrung für ihr tägliches Leben. Die wichtigste Voraussetzung aber ist: Die Menschen müssen verstehen, was Pflanzen wirklich brauchen, und auch entsprechend handeln. Das war eine große Erkenntnis, alles passte gut zusammen und funktionierte für alle.

Gemüseanbau ist ein altes Handwerk mit einer langen Geschichte. Eine unserer ältesten Kulturpflanzen ist die Dicke Bohne (*Vicia faba*). Ihre Wildform ist heute nicht mehr bekannt, sie gilt als ausgestorben. Die Pflanze ist auch unter den Namen Ackerbohne, Saubohne oder Puffbohne bekannt und stammt aus der Familie der Hülsenfrüchtler (Leguminosen). Die Dicke Bohne wächst aufrecht und wird bis 150 Zentimeter hoch. Die Blätter sind graugrün, und die weißen Blüten (mit dunklem Schlund) zeigen sich von Mai bis Juni. Die Hülsenfrüchte haben dicke Samen.

Einige Bohnen wurden bei Ausgrabungen einer Steinzeitsiedlung des 7. vorchristlichen Jahrtausends in Israel gefunden. Allerdings ist nicht ganz klar, ob die Bohnen aus Wildsammlungen stammten oder aus landwirtschaftlichen Kulturen. Im Mittelmeerraum galt die Bohne als wichtiger Nahrungslieferant, und ihr Anbau wurde von dort aus bis an die Nordseeküste verbreitet. Besonders die schweren feuchten Marschböden brachten gute Ernten ein. Wegen der hohen Erträge galt die Dicke Bohne im gesamten Mittelalter neben Erbsen und Linsen als eines der wichtigsten Nahrungsmittel für die arme Bevölkerung. Besonders in den Klöstern war sie ein wichtiger Eiweißlieferant, insbesondere für Mönche, die auf Fleisch verzichteten. Seit dem 17. Jahrhundert ging ihr Anbau in Europa zurück, denn die aus Amerika neu eingeführten Bohnenarten ersetzten die Dicken Bohnen als Nahrungsmittel.

Im Alten Ägypten wurden die Bohnenblüten und -früchte als Leib Osiris' verehrt. Wohl deshalb glaubte die Bevölkerung, dass Seelen, die in sein Totenreich eingegangen waren, Bohnen in ihre Wohnstatt mitnahmen. In der alten Pflanzensymbolik verkörperte die Dicke Bohne unterirdische Fruchtbarkeit, Erdgebundenheit, Armut, Narrheit und Unreinheit.

Heute werden Dicke Bohnen als Nahrungsmittel (wertvoll, weil sie viel Proteine und Vitamine beinhalten!), Viehfutter oder Gründünger angebaut.

Kohl (*Brassica spec.*) wiederum wächst rosettig, hat aufrechte Blütenstiele und wird je nach Sorte 40 bis 100 Zentimeter hoch. Fast alle Sorten bilden heute Köpfe. Im Mai oder Juni des zweiten Jahres erscheinen gelbe Kreuzblüten, die in lockeren Trauben stehen; die Früchte sind Schoten. Kohl stammt aus der Familie der Kreuzblütengewächse und war als Kulturpflanze schon den Kelten und antiken Griechen bekannt. Verschiedene Wildkohlarten sind bis heute an den Küsten des Atlantiks und auf den Inseln des Mittelmeerraums zu finden. Griechen und Römer sammelten Wildkohl und bauten ihn auch an. Ein Kopfkohl war allerdings noch unbekannt. In den Klostergärten des Mittelalters wurden zunächst krausblättriger, glattblättriger und wilder Kohl angebaut, erst im Hochmittelalter züchteten die Mönche Weiß- und Rotkohl. Weitere Kohlarten wurden in den Kräuterbüchern des 16. und 17. Jahrhunderts beschrieben. Schon früh wurde Weißkohl zu Sauerkraut verarbeitet, denn das war lange haltbar. Sein hoher Gehalt an Vitamin C schützte Seefahrer auf ihren langen Reisen vor Skorbut.

In der griechischen Mythologie entstand Kohl aus dem Schweiß des Zeus, und in der Pflanzensymbolik präsentierte Kohl inneren Reichtum, Offenbarung, Fülle und Fruchtbarkeit.

Weißkohl, Rotkohl, Rosenkohl, Blumenkohl, Brokkoli, Grünkohl, Kohlrabi und andere Varietäten enthalten zahlreiche Mineralstoffe und Vitamine und decken heute unseren Gemüsebedarf zu 50 Prozent. Kohlgerichte unterstützen die Verdauung, bauen Gifte in der Leber ab und beugen Arterienverkalkung, Gicht und Rheuma vor. Die Volksheilkunde behandelte schmerzende Gelenke, Schwellungen oder Geschwüre mit Umschlägen aus blanchierten und zerschnittenen Kohlblättern.

## Pflanzen im Zimmer – dem Herzen folgen

Schließlich reizten mich auch die Exoten, die in direkter Umgebung mit uns lebten: die Zimmerpflanzen. Und es gab so viele verschiedene, die in Töpfen gut wuchsen und die Atmosphäre in Räumen veränderten. Die Luft war erfüllt von feinem Duft, und auch die höhere Feuchtigkeit war angenehm. Die Räume selbst wirkten viel lebendiger und gleichzeitig beruhigend.

Die ersten Zimmerpflanzen bekam ich geschenkt. Ich topfte sie um und fand bald den richtigen Platz für sie alle. Auf der

Fensterbank Richtung Süden gab es den sonnigsten Platz für Kakteen. Ihre Blätter haben eine extrem dicke Haut, und die Pflanzen müssen nur selten gegossen werden. Kakteen und andere Sukkulenten (Wasser speichernde Pflanzen) wachsen sehr langsam und sind auch aus diesem Grund als Zimmerpflanzen geeignet: Sie müssen selten umgetopft werden. Und wenn doch, dann muss die Erde mit viel Sand gemischt werden, damit die Wurzeln nicht faulen. Manche Kakteen brauchen deshalb auch eine regelrechte Trockenzeit. Bei guter Pflege blühen sie, und das ist die schönste Belohnung für jeden Gärtner.

Von meinem Taschengeld kaufte ich verschiedene Samen und merkte recht bald, dass die Aussaat nichts für ungeduldige Gärtner ist. Manchmal dauerte es Wochen, bis die ersten Keimlinge zu sehen waren, und andere keimten überhaupt nicht. Zum Glück gab es noch andere Methoden, Pflanzen zu vermehren, und ich probierte einige aus. Viele Kakteen haben zusammengesetzte Blätter oder Seitentriebe. Ich entfernte ein Blatt von jedem Kaktus und pflanzte es in neue Erde. Die Bruchstellen trockneten langsam ein, und genau dort wuchsen die ersten Wurzeln. Diese sogenannte vegetative Vermehrung ist für zahlreiche Pflanzen die einzige Möglichkeit, sie erfolgreich zu vermehren.

Andere Pflanzen brauchten kein direktes Sonnenlicht, vertrugen es auch nicht. Palmen, Zimmerlinden, Birkenfeigen (*Ficus benjamini*), Hibiskus, Grünlilien und Bubiköpfe waren meine Lieblinge, und ganz schnell wurde aus meinem Zimmer ein kleiner Dschungel. Viele von ihnen wuchsen so rasch, dass ich sie häufig zurückschneiden musste. Den Rückschnitt nutzte ich immer zu ihrer Vermehrung. Dabei lernte ich, der junge Gärtner, viele Methoden der alten Gärtner kennen: Stecklinge, Absenker, Ausläufer und einige mehr. Ausläufer waren für mich etwas Besonderes. Die Natur hat es so eingerichtet, dass viele Pflanzen sehr lange mit ihren Nachkommen verbunden sind. Die kleinen Pflanzen werden von der Mutterpflanze versorgt und wachsen dort an, wo sie gute Bedingungen für sich finden. Grünlilien sind ein gutes Beispiel dafür. Mehrmals im Jahr treiben aus ihrer Mitte Stiele aus, an denen Blüten und auch Babypflanzen wachsen. Treffen die Babypflanzen auf Erde, wurzeln sie und können sich von den Mutterpflanzen lösen. Bis dahin werden sie gut versorgt und können sich ungestört entwickeln. Noch besser fand ich Bubiköpfe. Sie sind anspruchslos und wachsen sehr schnell. So schnell, dass ich sie sehr oft in Form trimmen musste. Die dabei anfallenden Pflanzenreste steckte ich einfach in die Erde, und schon wuchsen sie weiter. Unglaublich!

Bei Blütenpflanzen beobachtete ich, dass die meisten von ihnen nur im Sommer blühen, wenn die Tage lang und warm sind. Einige Zimmerpflanzen entwickelten allerdings im Winter Blüten, wenn die Tage besonders kurz waren. Die Tageslänge musste also Einfluss auf die Blütenbildung der Zimmerpflanzen haben. Ich lernte, dass die Blüten durch einen Temperaturwechsel oder eine Veränderung der Tageslänge ausgelöst werden. Diese Erkenntnis war nicht ganz neu, denn schließlich hatte ich in jedem Frühjahr im Garten gesehen, dass die Blüten wussten, wann sie zu blühen hatten.

Für mich war es ein großes Erlebnis, junge Pflanzen zu versorgen. Natürlich war die wenige Erde im Blumentopf schnell verbraucht, ich musste dann düngen. Kompost kam nicht in Frage, denn im Topf war meistens nicht genug Platz dafür. Irgendjemand gab mir den Tipp, meine Pflanzen flüssig zu düngen. Als Flüssigdünger wurde mir Guano empfohlen, denn er wird aus natürlichen Rohstoffen (Ausscheidungen von Pinguinen oder Kormoranen) gewonnen. Auch hier ist die Intelligenz der Natur wieder zu erkennen. Pflanzen lassen sich von Tieren und Menschen helfen. Dafür liefern sie Nahrung und schaffen Lebensraum. Alle Wesen arbeiten zusammen, und für alle ist gesorgt!

## Was treiben Pflanzen in Gewächshäusern?

Schon bald baute ich mir ein eigenes Gewächshaus im Garten. Meine Eltern erlaubten mir, ausrangierte Fenster von Baustellen zu holen und im Garten zu einem Treibhaus zusammenzubasteln. Das war toll, denn nun konnte ich noch mehr mit Pflanzen experimentieren und hatte den perfekten Platz für meine Aussaaten und Stecklinge gefunden. Außerdem konnte ich dort alle Pflanzen unterbringen, die in meinem Zimmer nicht so gut wuchsen. Im Gewächshaus war es schön hell, und die in ihm gespeicherte Sonnenwärme tat den Pflanzen gut. Im Sommer war es so warm dort, dass ich anfing, noch mehr tropische Pflanzen zu besorgen. Sie waren im Glashaus viel besser aufgehoben als in meinem Zimmer. Dort fehlte es häufig an Luftfeuchtigkeit und genügend Licht. Das war wohl auch der Grund dafür, dass einige Zimmerpflanzen immer wieder Blätter verloren und manchmal von Schädlingen befallen wurden. Im Gewächshaus waren zumindest im Sommer die Bedingungen wesentlich besser, und es wuchsen Palmen, Bananen oder Kaffee in ihm. Alle Pflanzen waren vital und gesund.

### Grüne, bunte Freunde

Nach und nach wurden die Pflanzen meine Freunde. Ich nahm immer mehr von ihnen in meine Obhut, und allen ging es gut. Mir wurde nachgesagt, ich hätte einen grünen Daumen. Das stimmte auch, denn der Umgang mit Pflanzen machte mich glücklich.

Ich beobachtete Bäume, Blumen, Gemüse und Kräuter und wusste, was zu tun war, wenn sie einmal nicht so gut wuchsen.

Aus Büchern erfuhr ich, woher die Pflanzen stammten, lernte ihre Namen. Außerdem fand ich Hinweise auf ihre bevorzugten Standorte und Böden. Von meinen Experimenten wusste ich, dass Bäume am besten im Waldboden wuchsen und Gemüse in guter Gartenerde mit Kompost. Kräuter und Blumen wuchsen praktisch überall, es kam vorrangig auf die Lichtverhältnisse an. Manche Pflanzen brauchten viel Sonne, andere wuchsen im Schatten. Am Waldrand konnte ich daher andere Pflanzen finden als am Feldrand oder auf Wiesen. Auch die Böden konnten ganz unterschiedlich sein. Im Wald gab es lockeren Humus, und auf den Feldern und im Garten war der Boden fest. An manchen Stellen war er sandig, an anderen eher matschig.

Auch die Pflanzen verschiedener Standorte unterschieden sich teilweise erheblich. Aber ich mochte sie alle und sammelte die Samen meiner Lieblingspflanzen. Zu Hause säte ich aus und stellte fest, dass ich auch im Garten den richtigen Standort für sie finden musste, damit sie gut wuchsen. Bei diesen heimischen Pflanzen konnte ich bald am Naturstandort erkennen, was für sie die richtigen Bedingungen im Garten waren. Ich musste nur eine einfache Regel beachten: Achtsamkeit Pflanzen gegenüber ist das Wichtigste, um als Gärtner erfolgreich zu sein!

## Der Umgang mit Pflanzen macht glücklich

Gärten, Wälder und Pflanzen zogen mich also magisch an, auch wenn diese Leidenschaft nicht von allen Menschen geteilt wurde. Bis heute mag ich den Kontakt zu Pflanzen sehr, denn jede ist auf ihre Art einzigartig und wunderschön. Es war nur logisch, dass ich Gärtnermeister wurde, um ihnen dauerhaft nah sein zu können.

Egal was wir Menschen tun, die Pflanzen erobern sich ihren

Lebensraum immer wieder zurück. Wir roden Wälder, pflügen Wiesen und Äcker und bringen massenhaft Pflanzenschutzmittel aus. Selbst wenn wir den Boden abtragen, um Straßen, Parkplätze, Wege oder Häuser zu bauen, siedeln sich Pflanzen innerhalb kürzester Zeit wieder an. Es ist erstaunlich, wie rasant ungenutzte Flächen von Pflanzen zurückerobert werden, selbst wenn der Boden voller Pflanzenschutzmittel und Umweltgiften ist. Es scheint, sie nehmen uns wirklich nichts übel, denn sie wachsen und vermehren sich und sind sofort wieder in den Kreislauf der Natur integriert. Damit leisten sie uns Menschen einen großen Dienst! Sie bilden unsere Lebensgrundlage und haben uns etwas zu sagen. Das scheint fast jeder zu spüren, denn nicht umsonst fühlen wir uns in der Natur besonders wohl. Wir übernehmen Verantwortung für Pflanzen und legen Gärten an, holen sie auf Balkone und Terrassen oder auch in unsere Häuser. Wenn wir mit Pflanzen in einen wirklichen Kontakt treten, können wir Entscheidendes für ein glückliches Leben lernen!

### Geruch und Geschmack machen oft den Unterschied

Wir müssen nicht alles über Pflanzen wissen, denn wir können uns ihnen über unsere Sinne nähern. Wir können Pflanzen sehen, riechen, schmecken und auch fühlen. Unsere Nahrungsmittel suchen wir uns schließlich genauso aus. Im Supermarktregal greifen wir immer nach dem schönsten, frischesten Obst. Manchmal müssen wir an den Früchten riechen, um zu erkennen, ob sie uns gefallen. Schon der Duft reifer Früchte lässt uns das Wasser im Mund zusammenlaufen. Ältere Früchte lassen wir gern liegen, denn sie sehen nicht mehr so gut aus und haben manchmal einen unangenehmen Geruch. Sie sind dann nicht immer verdorben, denn manchmal können wir die Qualität der Früchte nicht an ihrem Anblick oder Geruch erkennen. Dann müssen wir sie fühlen oder probieren. Der Geschmack ist letztlich entscheidend dafür, ob und welche Nahrungsmittel wir gern essen.

Anblick, Geruch und Geschmack von Lebensmitteln sind sehr wichtige, von uns allen gesammelte Erfahrungen. Sie sind tief in unserem Unterbewusstsein abgespeichert. Aus diesem Grund haben wir unter normalen (gesunden) Umständen auch immer auf genau das Appetit, was uns mit den gerade fehlenden Nährstoffen versorgt. Bei einem Vitaminmangel haben wir Lust auf frisches Obst und Gemüse, und fehlen Kohlenhydrate, steht uns der Sinn nach Getreideprodukten oder Kartoffeln. Werden wir müde, haben wir Lust auf Kaffee oder schwarzen Tee, und fehlt es an Energie, brauchen wir Zucker. Im Lauf unseres Lebens haben wir erfahren, welche Pflanzen uns mit welchen Nährstoffen versorgen.

Doch auch unangenehme Pflanzengerüche helfen uns weiter. Wir würden schließlich nichts essen, was übel riecht. Gut dass der Gefleckte Schierling extrem muffige Ausdünstungen von sich gibt. Schon allein deswegen bleibt er mit seinen weißen Dolden beim Kräutersammeln auf der Wiese stehen. Denn wenn wir ihn mit anderen Kräutern verwechseln, könnten wir uns beim Essen stark vergiften. Noch andere Pflanzen meiden wir wegen ihres schlechten Geruchs. Dazu gehört das Schwarze Bilsenkraut, denn es ist mit seinen gelblich weißen Blütentrichtern und der violetten Aderung so extrem giftig, dass wir es wirklich nicht verwenden dürfen. Die Empfehlung galt nicht immer, denn im Mittelalter wurde es als Hexenkraut genutzt, und die Samen kamen als Zusatzstoff ins Bier. Das Hopfengetränk wurde durch die Zugabe der Samen haltbar gemacht, zugleich stieg die Rauschwirkung. An sich keine schlechte Sache, doch das Bier wurde bei starkem Konsum natürlich gefährlich. Es ist davon auszugehen, dass es bei den Trinkern zu zahlreichen Vergiftungen kam. Nicht von ungefähr wurde das Bierbrauen mit Kräutern vor mehr als 500 Jahren untersagt.

Giftige Pflanzen geben sich aber nicht nur durch ihren Geruch, sondern auch durch ihren Geschmack zu erkennen. Wir mögen sie nicht essen, denn sie sind oft extrem bitter und brennen im Mund. Haben wir doch einmal zufällig eine Giftpflanze im Mund, spucken wir sie augenblicklich aus. Hoffentlich! Manches Obst enthält, so sehr wir es schätzen, giftige Anteile. Steinfrüchte wie Pflaumen, Kirschen oder Pfirsiche sind lecker und gesund, aber ihre Steine soll man nicht essen. Der Grund: Die Samen (Steine) enthalten die für uns giftige Blausäure. Die Pflanzen produzieren sie, um nicht gefressen zu werden. Aus dem gleichen Grund bilden einige Pflanzen Stacheln, Dornen oder Brennhaare aus.

Die Natur liefert aber auch Beispiele dafür, dass Pflanzen und Tiere gut zusammenarbeiten, so die intelligente Kooperation von Eiben und Vögeln. Die Eibe gilt für Menschen und die meisten Tiere als stark giftig, und zwar in allen Pflanzenteilen. Einzige Ausnahme bilden die Früchte. Sie schmecken säuerlich und aromatisch und können zum Einkochen von Marmelade verwendet werden. Vor der Zubereitung der Früchte sind aber unbedingt die Samen zu entfernen, denn die enthalten hochgiftiges Taxin. Interessanterweise fressen Vögel die roten, fleischigen Früchte mitsamt den Samen. Das scheinen sie auch zu vertragen, denn sie scheiden die Samen unverdaut aus. Während sie durch den Vogelmagen wandern, werden sie mit Magensäure behandelt, sodass sie dadurch besser keimfähig sind. Mit dem Vogelkot werden sie irgendwo ausgeschieden und beginnen zu keimen, sollte der neue Standort der Eibe passen. Sehr praktisch, besonders wenn ich bedenke, wie schwierig es für uns Gärtner ist, manche Gehölzsamen zum Keimen zu bringen. In vielen Fällen müssen wir sie mit kochendem Wasser übergießen – oder eben mit Säure behandeln. Eiben und Vögel haben das unter sich geregelt, entstanden ist eine Win-win-Situation.

### Ein Gespür für Pflanzen entwickeln

Sehen, riechen und schmecken sind gute Möglichkeiten, Pflanzen besser kennenzulernen, meist aber belassen wir es dabei. Aber es gibt noch andere Optionen, Pflanzen zu ergründen, eine davon ist das Fühlen. Jede und jeder von uns ist schon in einem direkten Kontakt zu Pflanzen getreten und hat sie berührt. Besonders unangenehm ist der Hautkontakt mit Brennhaaren, Stacheln oder Dornen. Für die Pflanzen sind sie eine exzellente Überlebensstrategie, denn mit diesen Organen können sie sich abgrenzen und werden viel seltener gefressen. Von diesen Ausnahmen abgesehen, berühren wir viele Pflanzen jedoch gern. Wir streifen über Blätter, stecken unsere Nasen in Blüten und fühlen mit den Händen die Konsistenz der Früchte.

Am liebsten fassen die meisten Menschen Baumrinden an und stellen sofort fest, ob sie glatt, rau oder vielleicht tief gefurcht sind. Berühren wir die Rinde über längere Zeit mit der flachen Hand, spüren wir, ob sie warm oder kühl ist. Außerdem können wir feine Unterschiede zwischen Sommer und Winter erkennen. Eigentlich logisch, denn während der Baum im Winter ruht, hat er im Sommer richtig viel zu tun. Hinter der Rinde liegen seine Leitbündel, die die Aufgabe haben, Wasser und Nährstoffe von den Wurzeln zu den Blättern zu transportieren. Wasser wird für zahlreiche Stoffwechselvorgänge in der Pflanze benötigt, auch zum Kühlen, das geschieht in den Blättern über Verdunstung. Je höher die Temperaturen sind, umso mehr Wasser muss der Baum verdunsten. Die Transpiration kühlt die Blätter und letztlich auch die umgebende Luft. Aus diesem Grund fühlen wir uns an heißen Tagen unter Bäumen oder im Wald besonders wohl. Können die Wurzeln jedoch nicht genügend Wasser aufnehmen, vielleicht, weil der Boden ausgetrocknet ist, gerät dieser Vorgang ins Stocken, und irgendwann beginnen die Blätter zu welken. Bäume verbrauchen sehr viel Wasser, eine stattliche Buche problemlos bis zu 500 Liter pro Tag. Und legen wir im Sommer unsere Hände über längere Zeit auf die Rinde einer großen Buche, können wir ihren Saftstrom spüren.

Wenn wir wirklich darauf achten, können wir ein noch viel feineres Gespür für Pflanzen entwickeln. Wie Tiere und Menschen haben sie eine starke Ausstrahlung, und wir merken augenblicklich, ob wir einen Wald, eine Wiese oder einen Garten mögen. Jeder Mensch hat seine Lieblingspflanzen. Besonders deutlich wird mir das immer wieder beim Muskateller-Salbei mit seinem ganz eigenen Duft. Stelle ich bei einer Gartenführung diese Pflanze vor, erlebe ich in der Gruppe stets eine geteilte Reaktion, ein Mittelding gibt es nicht. Einige lieben den intensiven Duft der Pflanze, andere ganz und gar nicht. Für den Teil der Gruppe, die den Duft betörend findet, ist die Gartenführung an diesem Beet zu Ende. Sie fühlt sich so wohl mit dem Muskateller-Salbei, dass sie lange an dem Beet stehen bleibt. Der andere Teil der Gruppe freut sich, wenn es endlich weitergeht. Dieses Phänomen beobachte ich bei allen duftenden Pflanzen, nur ist der Unterschied in den meisten Fällen nicht so extrem. Pflanzen verstehen es also sehr gut, eine schöne oder auch unangenehme Atmosphäre zu schaffen.

## Jede Pflanze nimmt sich nur, was sie wirklich braucht

Wer genau beobachtet, weiß: Pflanzen finden ihre Lieblingsstandorte und wachsen fast ausschließlich in Gruppen, es gibt nur wenige Solisten unter ihnen. Jede Pflanzengesellschaft hat ihre eigenen Ansprüche an einen Boden, natürlich auch an das Klima. Unter für sie günstigen Umständen wachsen Pflanzen sehr üppig und haben den Drang, sich zu vermehren. Perfekt, denn nur wenn sie darin wirklich erfolgreich sind, können sie ihre Art erhalten. Um dieses große Ziel zu erreichen, scheinen Pflanzen mit anderen Pflanzen zusammenzuarbeiten. Und das ist spannend.

Unter Bäumen gibt es viel Platz für andere Pflanzen, etwa Farne. Sie finden im kühlen Schatten der Bäume beste Bedingungen für ihren Austrieb im Sommer. Zu Beginn des Frühjahrs ist der Boden von verschiedenen Frühblühern bedeckt. Sie blühen in Massen und nutzen die ersten warmen Tage im Jahr, um zu wachsen und zu fruchten. Anschließend verteilen sie ihre Samen und ziehen sich in ihre Wurzelstöcke zurück. Dieser Zyklus funktioniert nur in der kurzen Phase, bevor die Bäume ihre Blätter austreiben, in der Regel also von März bis Mai. Wenn das Blätterdach der Bäume geschlossen ist, bekommen die Pflanzen am Boden viel zu wenig Licht. Die Frühjahrsblüher warten dann wieder auf günstigere Bedingungen.

Diese sehr einfachen Beispiele verdeutlichen vielleicht schon, wie intelligent Pflanzengesellschaften organisiert sind. Alle vorhandenen Ressourcen werden genutzt, um das Überleben möglichst vieler Arten zu sichern. An jedem Ort setzen sich genau die Pflanzen durch, die ideale Bedingungen für sich vorgefunden haben. Wenn sich die Lebensräume verändern, ziehen sich einige Pflanzenarten zurück und finden woanders einen besseren Platz. Die Lücken werden dann durch andere Arten ersetzt. Pflanzen reagieren ziemlich rasch auf äußere Einflüsse, sie tun genau das, was für sie gerade das Richtige ist. Und beim Zusammenleben vieler Arten zeigt sich, wie sie sich gegenseitig helfen. Jede Pflanze nimmt sich nur das aus dem System, was sie für ihre eigene Entwicklung braucht, mehr nicht. Das Ökosystem bleibt intakt – und damit ist allen Lebewesen am meisten geholfen!

## Protest gegen die Atomenergie und biologischer Landbau

In der kleinen Stadt Northeim, in der ich aufgewachsen war, gab es politische Aktivisten, die sich genau wie ich mit wichtigen gesellschaftlichen Fragen beschäftigten. Die Friedens- und die Antiatomkraftbewegung waren stark, und auch Umweltthemen rückten mehr und mehr in den Fokus der Gesellschaft. Jugendzentren, die Kirche und andere Organisationen schufen Raum für die neu entstandenen Gruppen.

Fast alles Bestreben der Menschen richtete sich damals auf Arbeitserleichterungen bei gleichzeitig wachsendem Wohlstand. Für diese Entwicklung war günstige Energie genauso wichtig wie die Industrialisierung der Landwirtschaft.

Für die Energieversorgung wurden vermehrt Atomkraftwerke gebaut, zumal sie als sicher propagiert wurden. Kaum jemand machte sich die Mühe zu erklären, wie die Entsorgung des strahlenden Mülls vonstattengehen sollte. Außerdem war nie klar, ob Atomkraftwerke Flugzeugabstürzen oder Naturkatastrophen wirklich standhalten konnten. Für uns junge Menschen war es unfassbar, dass die Gesellschaft im Begriff war, sich von dieser gefährlichen Art der Energieversorgung abhängig zu machen, ohne die Konsequenzen für die Zukunft zu bedenken, geschweige denn, diese Technologie zu beherrschen. Es gab so viele Schwächen im System, und ich konnte nie verstehen, warum so sorglos damit umgegangen wurde. Mir war damals noch nicht klar, dass einige Menschen sehr gut an diesem System verdienten, während die Risiken und echten Kosten von der Allgemeinheit getragen werden mussten. Ein solches Denken war mir wirklich fremd! Die Antiatomkraftbewegung hatte viele Fürsprecher im Land, und alle Aktivisten fühlten sich irgendwie miteinander verbunden. Die meisten demonstrierten kreativ und friedlich, wie ich es einmal in Gorleben im Wendland erleben konnte. Doch leider waren diese Gruppen nicht schnell genug erfolgreich. Wir brauchten nukleare Katastrophen wie in Harrisburg, Tschernobyl oder Fukushima, bis endlich, zumindest in Deutschland, die Politik reagierte und den schrittweisen Ausstieg aus dieser gefährlichen Energiegewinnung beschloss. Das war sehr gut, denn die Nutzung der Kernenergie hat nichts mit den Kreisläufen der Natur zu tun.

Ein anderes zentrales Thema war die Wiederentdeckung des biologischen Landbaus. Das wurde auch höchste Zeit, denn irgendwie schien diese für die Erde so wichtige Angelegenheit in den letzten Jahren und Jahrzehnten verlorengegangen zu sein. In der Landwirtschaft wurden in großen Mengen synthetisch hergestellte Dünge- und Pflanzenschutzmittel eingesetzt. Immer mit der Begründung, auf diese Weise könnten viel mehr Nahrungsmittel günstiger hergestellt werden, und das in größtmöglicher Qualität. Die meisten Menschen glaubten das gern und freuten sich über preisgünstige Lebensmittel, die äußerlich gesund aussahen und massenhaft verfügbar waren. Doch irgendetwas konnte mit ihnen nicht stimmen, denn gekauftes Obst und Gemüse schmeckte ganz anders als das aus dem Garten. Meist fehlte es an Aroma und an dem für die Pflanzen typischen Geschmack. Mit den aufkommenden Biobetrieben entwickelte sich – ganz langsam – ein stärkeres Bewusstsein dafür, dass Pflanzenschutzmittel auch sehr giftig sein konnten. Und niemand wusste genau zu sagen, ob Rückstände in der Nahrung blieben und ob Menschen diese auch wirklich vertrugen. Außerdem wurden Pflanzenschutzmittel, genau wie synthetische Düngemittel, unter erheblichem Einsatz von Rohstoffen und Energie hergestellt. Gern wurde verschwiegen, was Dünger und Pflanzenschutzmittel mit dem Boden und auch dem Trinkwasser machten. Mit dieser Wirtschaftsweise verabschiedeten sich Gärtner und Landwirte endgültig von den Kreisläufen der Natur. Abnehmende Bodenqualität, Nitrat im Trinkwasser und das heute vielzitierte Artensterben sind nur einige der sichtbaren Konsequenzen. Die Qualität der Lebensmittel veränderte sich, und Lebensmittelunverträglichkeiten nahmen rasant zu. Ganz eindeutig hatten die wenigsten Menschen die Botschaft der Pflanzen verstanden! Das änderte sich erst ein wenig, als die ökologische Bewegung sich in der Gesellschaft zu etablieren begann. Bis heute wächst sie kontinuierlich.

Gruppendynamik war eine schwierige Sache. Anfangs arbeiteten die Menschen gut zusammen, doch später gab es sehr unterschiedliche Interessen. Das war kontraproduktiv, denn schließlich konnten wir nur Gehör finden und erfolgreich agieren, wenn wir alle mit einer Stimme sprachen. Oft zerbrachen die Gruppen, ohne dass ihre Ziele nicht einmal im Ansatz erreicht wurden. Wirklich schade. Warum, so fragte ich mich damals, können Menschen sich nicht ein Beispiel an Pflanzen nehmen? Sie wechseln ja ihren Standort, ziehen sich zurück, wenn er ihnen nicht mehr genehm ist, um woanders bessere Bedingungen zu finden. Tiere, Menschen und auch der Wind helfen ihnen dabei. So stellen sich überall auf der Welt stabile Pflanzengesellschaften ein, und jede einzelne Pflanze hat darin ihren Platz. Und auch die einzelne Pflanze ist perfekt organisiert. Jedes Organ weiß, was wann zu tun ist, um gut zu wachsen und sich zu vermehren. Ist das Ziel erreicht, stirbt es ab und stellt sich dem Boden als Nährstoffreservoir zur Verfügung. Kein Pflanzenteil, keine Pflanzenzelle stellt diesen Grundsatz in Frage. Ergebnis ist, dass Pflanzen immer gesund und in der für sie passenden Umgebung wachsen. So hat auch das Sterben von Pflanzen seinen Sinn, denn so verjüngen sie sich ständig und sichern damit das Überleben ihrer ganzen Art. Ähnlich intelligente Systeme kenne ich nur bei Ameisen- und Bienenvölkern, die ganz ähnlich handeln. Und die Botschaft der Pflanzen ist ähnlich klar: Jeder ist richtig und wichtig an seinem Platz. Die Devise Gemeinwohl statt Eigennutz bringt uns als Gruppe und damit auch jeden Einzelnen viel weiter! Viele Gruppen der Aktivisten hatten das nicht erkannt und lösten sich auf, ohne ihre Ziele jemals zu erreichen.

### Die Stimme der Pflanzen

*Wir Pflanzen sind ein elementarer Teil der Natur. Wir sprechen eure Sinne an, denn ihr könnt uns sehen, fühlen, riechen und auch schmecken. Viele unserer Artgenossen liefern eure Nahrung und unterstützen euch bei Krankheiten. Die Natur funktioniert in großer Perfektion, und ihr Menschen wart über lange Zeit ein Teil davon. Wir Pflanzen sind gut organisiert, jede einzelne von uns hat genau den richtigen Platz. In unserem Organismus ist jeder Teil gleichberechtigt und sichert uns Pflanzen Wachstum, Verbreitung und damit das Überleben. Wenn uns etwas fehlt, zeigen wir es euch. Wir sprechen eure Intuition, euren grünen Daumen an, und ihr Menschen könnt uns besser versorgen. Dafür ernähren wir euch und schaffen eure Umgebung. Achtet auf die Kreisläufe der Natur, und wenn ihr etwas entnehmt, gebt immer etwas zurück. So können wir alle gut zusammenleben. Vergesst niemals: In der lebendigen Natur ist nur das wirklich wertvoll, was allen Lebewesen hilft!*

# VOM VERSCHWINDEN UND FINDEN VON KREISLÄUFEN

Meine Erlebnisse mit Pflanzen prägten mich tief, und ich wollte unbedingt mehr über diese Wesen wissen. Schnell war mir klar, dass es nur einen Weg für mich gab. Natürlich wurde ich Gärtner. Doch der Reihe nach.

In der Schule gab es nicht viel über Pflanzen zu lernen. Der Biologieunterricht war enttäuschend, zumindest wenn es um Botanik ging. Wie konnte es sein, dass das für mich so spannende Thema so eindimensional gelehrt wurde? Klar, es hatte lange gebraucht, bis sich die Menschen auf allgemeingültige Bezeichnungen der Pflanzen einigten – aber warum stand im Unterricht im Vordergrund, dass man das Pflanzenreich in Abteilungen, Klassen, Ordnungen, Familien, Gattungen, Arten und Sorten eingeteilt hatte? Es war auch nicht völlig uninteressant, die Zusammenhänge von Pflanzen, Klima und Boden, die Pflanzengesellschaften und ihre Standorte zu kennen und zu lernen, wie vielfältig jede natürliche Landschaft ist. Was ich aber nicht erfuhr, war, dass Pflanzen mehr als Gegenstände sind, die man essen und in Ordnungen oder Gesellschaften einteilen kann. Erst gegen Ende meiner Zeit auf dem Gymnasium wurden ökologische Zusammenhänge unterrichtet.

Ein spannenderes Fach war Geschichte, denn ich brannte darauf, mir anzueignen, wie sich die Menschheit auf der Erde entwickelte. Die Steinzeit war besonders interessant, denn dort ging es um Jäger und Sammler, die mit der Natur lebten und sich stets aus ihr versorgten. Die Natur hielt ihr Gleichgewicht, und Menschen waren Teil des Ganzen. Doch als die Gemeinschaften größer wurden und sesshaft, musste sich auch ihre Lebensweise ändern. Einher ging das damit, dass Tiere domestiziert und Felder angelegt und bewirtschaftet wurden, was bedeutete, dass Wälder gerodet oder Wiesen umgepflügt wurden. Auf den so gewonnenen Flächen wuchsen Pflanzen, die die Menschen und ihre Tiere mit Nahrung versorgten. Pflanzenreste wurden kompostiert und zusammen mit den Ausscheidungen von Menschen und Tieren auf die Felder gebracht. Bau- und Brennholz gab es im Wald genug, und ihm wurde nur so viel entnommen, wie nachwachsen konnte. Die Menschen waren noch immer Teil der Naturkreisläufe.

Doch nach und nach kippte das Gleichgewicht, die Siedlungen wurden größer und größer, und den Menschen erschien es nicht mehr so wichtig, mit der Natur in Verbindung zu sein. Im Geschichtsunterricht jedenfalls war dann nur noch von Machtkämpfen, Intrigen und Kriegen die Rede – bis heute sind unsere Gesellschaften davon geprägt. Mir wurde klar: Irgendwann mussten die Menschen die Verbindung zur Natur vollständig gekappt haben.

### Die Gärtnerei – ein perfekter Ort für Pflanzen?

Nach dem Abitur wollte ich meine Leidenschaft für Pflanzen zu meinem Beruf machen. Gern hätte ich Gartenbau studiert, doch dazu reichte mein Notendurchschnitt nicht. So entschloss ich mich zu einer Gärtnerlehre und fand einen Ausbildungsplatz in einer Gärtnerei mit vielen kleinen Gewächshäusern,

Frühbeeten, einem Geschäft und einem Acker. Das Schönste war dort, dass die meisten Pflanzen selbst produziert wurden. Die Gärtnerei war auf Zierpflanzen und Schnittblumen spezialisiert, aber es gab auch eine kleine Baumschule mit einer Friedhofsgärtnerei.

Von der Pike auf lernte ich das Gärtnern. Wir arbeiteten mit alten und modernen Gartenbautechniken und hatten eigene Rezepte von selbst gemischten Blumenerden. Das war damals ein großes Betriebsgeheimnis, denn die Qualität der Erde ist entscheidend für den gärtnerischen Erfolg. Natürlich wusste ich aus meinem Garten schon einiges über Kompost, doch jetzt erfuhr ich von den Vorzügen ausgewogener Erdmischungen, von Düngemitteln oder von Zuschlagstoffen wie Laub- oder Nadelerde. Es gab Anzuchterde, weiterhin allgemeine Topf- oder Spezialerden für etwas anspruchsvollere Pflanzen.

Die Frühbeetkästen hatten es mir besonders angetan, denn in ihnen konnten Pflanzen ganzjährig ohne zusätzliche Heizung wachsen. Frühbeetkästen sind in die Erde eingelassene Kästen aus Holz oder Betonfertigteilen, die bei Kälte mit Fenstern abgedeckt werden. In den Kästen herrschten selbst im Winter frostfreie Temperaturen, wenn im Herbst Pferdemist eingefüllt und untergegraben wurde. Der Mist verrottete langsam und gab dabei den ganzen Winter über Wärme ab. In besonders kalten Nächten wurden die Fenster zusätzlich mit Schilfmatten geschützt. Im Frühjahr wuchsen in den Kästen Gemüsejungpflanzen, später Blumen, und im Herbst wurden sie für die Treiberei von Blumenzwiebeln genutzt. Den Winter über wuchs in ihnen Feldsalat.

In der Gärtnerei wurde mir beigebracht, wie man Blumen in jeder Jahreszeit zum Blühen bringen kann. Bei fast allen Pflanzen hängt die Blütezeit von der Jahreszeit ab, aber man konnte sie auch ganz einfach austricksen. Tulpen, Narzissen und andere Blumenzwiebeln wurden in Gemüsekisten in die

Erde gesteckt und für einige Wochen ins Kühlhaus gestellt, um Winterbedingungen zu simulieren. Nach der notwendigen Kühlzeit wurden die Kisten in ein warmes Gewächshaus gebracht – und die Zwiebeln trieben aus. Wir konnten also gezielt Blütezeiten steuern, und es gab von Weihnachten bis Ostern frische Schnittblumen.

Außerdem erklärte man mir, was Kurz- und Langtagspflanzen sind und wann diese blühen. Die Namen verraten es schon: Langtagspflanzen blühen, wenn im Sommer die Tage lang sind, und Kurztagspflanzen im Winter bei langen Nächten. Wir wollten die Blütezeit aber steuern, daher wurden die Blumenbeete im Sommer verdunkelt, im Winter gab es Zusatzlicht. Mit geschickter Planung und diesen einfachen Tricks brachten wir Chrysanthemen, Weihnachtssterne und viele andere Blumen genau dann zum Blühen, wenn im Blumengeschäft die größte Nachfrage zu erwarten war.

Neben Schnittblumen wurden Topfblumen und selbst Zimmerpflanzen kultiviert. Am meisten interessierten mich Pflanzen mit einer langen Tradition. Dazu gehörte ganz klar die Ringelblume (*Calendula officinalis*). Sie ist ein ein- bis zweijähriges Kraut aus der Familie der Korbblütengewächse. Die Pflanzen sind ausgesprochen attraktiv und in zahlreichen Gärten, aber ebenso auf Feldern zu finden. Aus den fleischigen Pfahlwurzeln treiben aufrechte, stark verzweigte, 20 bis 60 Zentimeter hohe Blütenstände mit blassgrünen Blättern. Die dekorativen gelben oder orangefarbenen Strahlenblüten erscheinen von Juni bis Oktober. Bald bilden sich charakteristische Fruchtstände, und die ausfallenden Samen keimen erneut oder im folgenden Frühjahr.

Obwohl die Ringelblume ursprünglich aus dem Mittelmeerraum stammt, gibt es keine eindeutigen Belege für deren Verwendung aus der Antike. Das mag daran liegen, dass nicht alle Pflanzennamen alter Rezepturen zweifelsfrei den heute gebräuchlichen zugeordnet werden können. Als Heilpflanze ist die Ringelblume eher eine Entdeckung des Mittelalters und eng mit der Benediktiner-Äbtissin und Heilkundlerin Hildegard von Bingen verbunden. Sie empfahl Calendula bei entzündeter Haut sowie zur Entgiftung der inneren Organe. Spätestens seit dieser Zeit war die Ringelblume eine der beliebtesten Pflanzen der Volksheilkunde.

Aber auch im Volksglauben war Calendula stark verankert. Wegen ihrer unerschöpflichen Blühfreudigkeit stand sie in der Pflanzensymbolik für Anmut, Schönheit, Tod, Rad des Schicksals, ewiges Leben, göttliches Heil und Erlösung. Lange Zeit wurde sie in vielen Lebensbereichen als Schutz- und Heilpflanze eingesetzt. Der Blumenkranz über der Tür vertrieb negative Energie und Ringelblumen unter dem Bett böse Träume. Auf Gräber gepflanzt, schenkte sie dem Verstorbenen Ruhe und Frieden.

In der Kräuterheilkunde ist die Ringelblume heute eine der vielseitigsten Heilpflanzen. Ihre Wirkung ist antiseptisch und heilend, als Salbe oder Tinktur wird sie bei schlecht heilenden Wunden, bei Entzündungen, Frostbeulen und bei Verbrennungen verwendet. Gurgeln mit Ringelblumentee hilft bei Mund- und Rachenentzündungen. Zudem gilt die Pflanze als reinigendes und entgiftendes Mittel bei chronischen Infektionen. Schon immer war sie ein Safranersatz und wurde zum Färben von Lebensmitteln benutzt.

Natürlich hatten wir in der Gärtnerei auch die Königin der Blumen angebaut, denn Rosen zählen bis heute zu unseren beliebtesten Garten- und Schnittblumen. Die Rose (*Rosa spec.*) ist ein 0,7 bis 2,0 Meter hoher und breiter Strauch mit gefiederten Blättern. Sie blüht ab Mai und bildet später Hagebutten. Die ursprüngliche Heimat der Rose wird in Indien oder Persien vermutet. Bereits in der Antike gab es eine große Anzahl an Kulturformen, jedoch wurden Wildformen wie *Rosa gallica* (Essig-Rose) oder die gefüllte *Rosa x centifolia* (Zentifolie) zur Herstellung von Heilmitteln bevorzugt. Die Klosterheilkunde schätzte die Rose sehr, in Klostergärten wurde vermutlich die halb gefüllte Essig-Rose angebaut. Hildegard von Bingen empfahl, Rosenblätter auf die Augen zu legen, um das Triefen herauszuziehen. Auch die intensiv duftende Zentifolie, die Tausendblättrige Rose, war bekannt und wurde wie die Essig-Rose gehandhabt. Die Hundsrose (*Rosa canina*), eine zartblütige, bei uns weitverbreitete Wildrose, galt im Mittelalter als Mittel gegen die Tollwut.

In Fernost spielen die Rosen bis heute bei Frühlingsfesten eine große Rolle. Sie sind der großen Göttin, der Muttergöttin, geweiht und stehen für Schönheit, Vollkommenheit, Liebe, Laster, Leid, Vergänglichkeit, Tod, Wandlung Weisheit und Verschwiegenheit. Im Christentum symbolisierte die Rose das vergossene Blut von Jesus Christus. In der Alchemie war die Rose die Blume der Weisheit und wurde mit einem klaren Geist in Verbindung gebracht. Die leicht gefüllten Rosen mit sieben Blattreihen stellten die sieben Planeten dar mit den dazugehörigen Metallen und das Geheimwissen, das fortschreitend erworben wurde. Noch heute fühlen sich Mystiker den Rosen sehr nahe.

In der Volksheilkunde werden duftende Rosenblätter als Tee bei Durchfall verwendet, als entzündungshemmendes Gurgelmittel und als Bad bei schlecht heilenden Wunden. Rosenöl wird aus der *Rosa x centifolia* durch Wasserdampfdestillation gewonnen und hat entzündungshemmende und bakterizide Wirkung. Das Öl ist ein wertvoller Rohstoff für die Parfüm- und Kosmetikindustrie, und Rosenwasser ist ein wichtiger Bestandteil von Marzipan. Hagebutten werden meist von der Hundsrose gesammelt und als Haustee getrunken oder zu Mus, Konfitüre oder Likör verarbeitet.

Im Frühjahr freute ich mich immer auf die Schwertlilien (*Iris pallida*, *Iris germanica*). Die auch als Veilchenwurzel bekannte Blume ist wegen ihrer wunderschönen Blüten und ihres stattlichen Wuchses eine ausgesprochen attraktive Pflanze und darf in keinem Garten fehlen. Die Schwertlilie ist eine mehrjährige Pflanze aus der Familie der Irisgewächse. Sie hat einen kurzen, rundlichen Wurzelstock, der sich oberirdisch sichtbar langsam verbreitet. Die harten, grünen Blätter sind schwertförmig, und die Blütenstände werden 70 bis 90 Zentimeter hoch. Sie blühen von Mai bis Juni mit blauvioletten Einzelblüten.

Im Alten Ägypten galt die Schwertlilie als Symbol für Sieg und Königswürde. Priester und Ärzte entdeckten bald ihre Heilkraft und ihre magischen Kräfte. In Griechenland war sie die Pflanze der Göttin Iris, die die Personifizierung des Regenbogens war. Ihre Aufgabe bestand darin, die Seelen der Sterbenden in das ewige Land des Friedens zu begleiten. Im Orient werden noch heute Gräber mit Schwertlilien geschmückt.

Die Schwertlilie ist im Mittelmeerraum und Vorderasien zu Hause und spätestens seit den Kreuzzügen auch in Mitteleuropa verbreitet. Der antike griechische Arzt Pedanios Dioskurides pries die Schwertlilie als Allheilmittel und beschrieb die Pflanze in seinem Kräuterbuch an erster Stelle. Sie wurde zur Empfängnisverhütung und wohl auch zur Abtreibung verwendet. Bei Verhärtungen von Drüsen wurde sie als Pflaster aufgelegt, und bei Kopfschmerzen half sie in Form von Salbe. Auch Plinius erwähnte die Schwertlilie, und die Römer würzten ihren Wein mit der «Veilchenwurzel». Den Kindern wurden Wurzelstücke als Beißwurzel beim Zahnen gegeben. In den Klostergärten des Mittelalters war die Schwertlilie weit verbreitet. Hildegard von Bingen empfahl einen Saft aus Schwertlilienblättern zur Schönheitspflege und nutzte die Wurzeln zur Herstellung von wassertreibendem Wein (sie liebte Wein!). Die Wurzel wurde zu einem wichtigen Rohstoff in der Volksheilkunde und noch bis zum Ende des 19. Jahrhunderts massenhaft gehandelt.

Schwertlilienwurzeln enthalten ätherische Öle und Gerbstoffe und wirken leicht auswurffördernd. Sie sind heute gelegentlich Bestandteil von Hustenteemischungen. Homöopathische Zubereitungen werden bei Migräne, Magenbeschwerden und Erkrankungen der Bauchspeicheldrüse angewendet. Die ätherischen Öle werden in der Parfümindustrie verarbeitet, und Irismilch ist Bestandteil von Hautpflegemitteln.

Es machte mir Freude, in der Gärtnerei den ganzen Tag mit Pflanzen zu verbringen, und doch störte mich ein Umstand ganz gewaltig: Die Pflanzen wurden nicht biologisch angebaut. Ich war überrascht, wie viele Dünge- und Pflanzenschutzmittel eingesetzt wurden und dass ihr Einsatz immer schon präventiv geschah. In den Gewächshäusern wurden mindestens einmal wöchentlich Insektizide ausgebracht, die teilweise sehr giftig waren. Außerdem wurden die Böden mineralisch gedüngt und nach jeder Kultur chemisch begast, um Krankheitserreger, die sich bei Monokulturen im Boden schnell anreicherten, abzutöten. Ziel war es ja, gesunde und kräftige Pflanzen verkaufen zu können und Schädlinge und Pflanzenkrankheiten aus der Gärtnerei zu verbannen.

Natürlich hatte ich vorher gewusst, dass Pflanzen in den meisten Betrieben konventionell angebaut wurden, begriff aber erst jetzt wirklich, dass diese Art des Wirtschaftens nicht gut für die Umwelt und für die Menschen war. Das Argument vieler Kollegen, dass Zierpflanzen nicht gegessen werden, machte es für mich nicht besser. Mir war längst klar, dass wir Pflanzen und Böden gut behandeln mussten, damit es uns als Menschen gutging. Außerdem war selbst für mich als Azubi zu erkennen, dass die Fruchtbarkeit der Böden innerhalb kurzer Zeiträume abnahm, denn häufige Mineraldüngergaben, chemische

Begasung und regelmäßiges Fräsen führten zum Humusabbau. Irgendwann wuchsen die Pflanzen weniger üppig und gaben uns deutlich zu verstehen: «Behandelt uns gut und versorgt uns nachhaltig, dann bleibt der Boden auch in Zukunft fruchtbar und lebendig!» Ich ahnte, dass es bessere Maßnahmen zur Bodenpflege geben musste.

## Der Boden ist unser kostbarstes Gut

Heute müssen wir feststellen, dass die Fruchtbarkeit der meisten unserer Böden permanent abnimmt, zumindest dann, wenn sie synthetisch gedüngt und nicht biologisch bewirtschaftet werden. Das ist ein grundlegendes Dilemma, denn die Böden haben sich in vielen Jahrtausenden entwickelt. Genauer gesagt: Der Boden braucht 15 000 Jahre, um einen Meter zu wachsen. Es ist also ein großer Fehler, Böden auszubeuten und zu verbrauchen. Wie sollen wir in Zukunft unsere Nahrungsmittel anbauen, wenn die Fruchtbarkeit der Böden ständig abnimmt? Bodenermüdung und auch die großflächige Versiegelung sind gewaltige Probleme. Selbst wenn wir sofort beginnen würden, überall nachhaltig anzubauen und vielleicht in Massen Flächen zu entsiegeln, würde es sehr lange dauern, bis unsere Böden wieder so fruchtbar sind, wie sie einmal waren. Das dürfen wir nie vergessen, egal wo und wie wir wirtschaften!

Viel zu lange schon werden Böden als Produktionsmittel oder, schlimmer noch, als Spekulationsobjekte gesehen. Böden sind komplexe Lebensräume und genauso zu achten wie Pflanzen, Tiere und Menschen. Mich macht es traurig, dass sehr viele Menschen einfach so tun, als gäbe es irgendwo eine zweite Welt.

Viele Gärtner und Landwirte haben die Zeichen der Zeit längst verstanden, und es entstehen immer mehr Biobetriebe.

Diese wirtschaften nachhaltig und haben besonders die gesunde Entwicklung der Böden im Blick. Sie wissen, dass nur gesunde Böden gesunde Pflanzen hervorbringen können, sie gehen deshalb besonders achtsam mit dieser Ressource um. Wer nachhaltig wirtschaftet, weiß, dass Pflanzen in hohem Maße an der Entwicklung von Böden beteiligt sind. Man empfindet dann noch mehr Achtung vor diesen Wesen!

### Für jeden Menschen der passende Gartenraum

Ich wurde immer unzufriedener, als ich erkannte, dass in meiner Gärtnerei nachhaltiges Wirtschaften überhaupt kein Thema war. Und noch etwas anderes missfiel mir immer mehr: Topfpflanzen haben eine sehr begrenzte Lebenserwartung und Schnittblumen erst recht. Die Produkte unserer Gärtnerei machten vielen Menschen zunächst Freude, wurden dann jedoch schnell wieder entsorgt. Das gefiel mir nicht, aber leider stand ich mit dieser Ansicht ziemlich allein da. Das war auch der Grund, warum ich mich in einem anderen Arbeitsgebiet engagierte.

Unbedingt wollte ich in der Friedhofsgärtnerei arbeiten, denn mir erschien die Grabpflege interessanter. Ein schön angelegtes und gut gepflegtes Grab ist für trauernde Angehörige ein großer Trost, und viele von ihnen investierten eine Menge Geld darin. Auf dem Friedhof entdeckte ich eine für mich völlig neue Dimension des Gärtnerns. Ich spürte, Gärtnern ist ausgesprochen kreativ, und entwickelte ein sicheres Gefühl für Formen und Farben der Anlagen. Mit Pflanzen kannte ich mich ja bestens aus. Die Kunden honorierten das, und irgendwann war ich nur noch für die Anlage von Gräbern zuständig. Etwas später kam die Planung von Privatgärten dazu. Ich realisierte, dass es genauso einfach oder kompliziert war, einen attraktiven Garten zu entwerfen, wie ein Grab zu gestalten. Im Lauf der Zeit entwickelte ich ein gewisses Verständnis für Gartenräume und wusste, dass diese mit allen anderen Faktoren der Gartenanlage abzustimmen sind.

Böden, Baumaterialien und die Wegeführung spielen bei der Gartenplanung eine große Rolle, doch das Wichtigste ist die Bepflanzung. Es gibt Menschen, die sehr gut gestalten und entwerfen können, doch bei der Planung von Gärten kommt es noch auf etwas anderes an. Der Gärtner oder der Gartenplaner muss sehr viel über Pflanzen wissen. Ist der Standort richtig, passt der Boden? Wie viel Zuwachs hat die Pflanze in den kommenden Jahren? Wie verträgt sie sich mit anderen Pflanzen? Passt der Garten zu den Menschen, die ihn hinterher nutzen und pflegen wollen oder sollen? Manche Menschen mögen nicht viel Zeit in ihren Garten investieren und haben ihn gern pflegeleicht. Andere sind große Gartenfans und haben viel Freude an Diversität und Ästhetik. Für sie macht Gartenarbeit keine große Mühe, denn sie betrachten sie eher als Bereicherung in ihrem Leben oder als Meditation.

In einem Garten müssen Grundstück, Boden, Pflanzen und Menschen gut zusammenpassen, und das zu erkennen und geschickt umzusetzen, macht für mich einen guten Gartenplaner aus. Nicht umsonst wird in gartenaffinen Ländern wie England die Gartenkunst als die größte aller Künste betrachtet. Das ist bei uns ganz anders, ein Garten wird hierzulande nur selten als Kunstwerk gesehen. Wirklich schade, denn Gärten und Parks bedeuten den meisten Menschen wirklich viel. Das ist daran zu erkennen, dass sie in jedem Jahr Massen von Besuchern verkraften müssen.

Betreten wir einen Gartenraum, merken wir sofort, ob dieser zu uns passt oder nicht. Ist Ersteres der Fall, fühlen wir uns sehr wohl und genießen den Garten, egal ob er sehr aufwendig oder mit einfachen Mitteln gestaltet wurde. Ganz wichtig für die Gartenplanung ist eine gelungene Pflanzenkomposition. Die besten Vorbilder dazu finden wir in der Natur.

Ob eine Gartenanlage wirklich geglückt ist, erkennen wir erst, wenn die Pflanzen älter und größer werden. Haben die Gehölze genügend Platz oder müssen sie ständig geschnitten werden? Gibt es stabile Pflanzengesellschaften im Blumenbeet? Breiten sich Frühlingsblüher aus und bleiben die Wiesen artenreich? Gärten wandeln sich mit der Zeit, und die zuständigen Gärtner und Gärtnerinnen müssen in der Lage sein, sich auf Pflanzen einzulassen und diese am besten auch verstehen. Die erfolgreichsten Gärtner sind ausgesprochen sensibel und nehmen Botschaften der Pflanzen wahr. Sie handeln für die Pflanzen, und nur wenn sich Gärtner zu Helfern der Pflanzen machen lassen, können sie wirklich Großartiges kreieren.

Dieses Thema sollte mich später noch sehr beschäftigen, doch zunächst freute ich mich darüber, dass ich ein neues Talent in mir entdeckt hatte. Ab und zu kamen mir dennoch Zweifel, denn der Gärtnerberuf ist in unserer Gesellschaft alles andere als gut angesehen. Von vielen Menschen bekam ich immer die gleiche Frage gestellt: «Du bist doch clever, magst du nicht einen anständigen Beruf ergreifen?» Manchmal wurde ich belächelt, und nicht selten hörte ich Leute sagen: «Er ist ja nur Gärtner, aber sonst ganz nett.» Das gefiel mir nicht und beschäftigte mich besonders, als ich eine Familie hatte. Doch noch war ich viel zu jung, um mir darüber wirklich Gedanken zu machen.

## Die Stimme der Pflanzen

*Wir Pflanzen steuern Wachstum und Blütezeit anhand von Tageslängen und Temperaturen der verschiedenen Jahreszeiten. Ihr Menschen könnt diese Tatsache für den Pflanzenbau nutzen, wenn ihr uns verstanden habt und entsprechend handelt. Zum Wachsen brauchen wir unbedingt Wasser, Licht und einen gesunden Boden, den wir selbst ständig verbessern. Ihr Menschen seid gut beraten, Wertschätzung für Böden zu empfinden, denn nur wenn sie lebendig sind, können wir Pflanzen hervorragend auf ihnen gedeihen. Nachhaltiger Landbau schützt uns Pflanzen, die Tiere und die Böden und schont gleichzeitig wertvolle Ressourcen. Eine exzellente Gartenplanung berücksichtigt unsere Bedürfnisse und setzt auf natürliche Baumaterialien, möglichst aus der Region. Sensible Gärtner haben ein sicheres Gespür dafür, welche von uns Pflanzen wo wachsen und wie sie uns geschickt kombinieren können. Die besten Vorbilder dazu liefert die Natur. Nur ein ausgewogen angelegter und nachhaltig bewirtschafteter Garten gibt uns ein passendes Zuhause und macht euch wirklich zufrieden. Die Gartenarbeit geht euch dann leicht von der Hand und wird zur Entspannung und zur Meditation.*

# GEDANKEN KÖNNEN KRÄUTER LESEN

In der Zwischenzeit hatte ich so vieles über Pflanzen gelernt, und ich bewunderte sie immer mehr. Pflanzen schenken uns Lebensraum, ernähren uns und machen einfach nur Freude. Doch noch ein ganz anderes Pflanzenthema sollte mich sehr viele Jahre begleiten: Pflanzen heilen auch! Als Kind war ich häufiger krank und hatte oft sehr hohes Fieber. In meiner verschwommenen Erinnerung wurde ich dann mit Heilkräutern versorgt. Es gibt davon sehr viele, die wirklich helfen. Bei Fieber sind es zum Beispiel um die Waden gewickelte Senfumschläge, und bei einer Halsentzündung ist ein Gurgeln mit Salbeitee zu empfehlen. Gegen Bauchmerzen wirkt Kamillentee und bei Husten Thymian oder Rettig mit Honig. Natürlich hatte mir die Kräutermedizin nicht immer gut geschmeckt, und doch ließ die Wirkung meist nicht lange auf sich warten. Kranksein hatte aber auch Vorteile gehabt: Hohes Fieber schien mir wie ein Tor in eine andere Welt. Im Fiebertraum fühlt sich das Leben sehr anders an, ein Zustand, den ich manchmal auch genoss. Die Kräuter holten mich aber immer schnell auf die Erde zurück.

### Den Kräutern auf der Spur

Nach meiner Gärtnerausbildung wollte ich nicht länger in einem konventionell bewirtschafteten Betrieb arbeiten, nicht mehr in einer Zierpflanzengärtnerei. Das kam nicht mehr in Frage. So nahm ich mir viel Zeit, um darüber nachzudenken, was beruflich die nächsten Schritte sein konnten. Immerhin: Ich mochte meinen Beruf sehr.

Mir fiel ein, dass ich schon während der Ausbildung eine wirklich gute Idee gehabt hatte. Meine Berufsschule hatte direkt neben einem alten Botanischen Garten gelegen. Ich hatte ihn oft besucht und festgestellt, dass Pflanzen dort ausschließlich für sich lebten. Ihr Sinn bestand darin, gut zu wachsen. Ihr Zweck lag in ihnen selbst, er zielte nicht auf etwas außerhalb Bestehendes ab. Natürlich gab es nicht viele solcher Gärten, doch ich hatte schließlich den für mich passenden an der Technischen Universität Braunschweig entdeckt.

Ein Kräuter- und Arzneipflanzengarten sollte hier angelegt werden, das interessierte mich brennend. Schon als ich das Grundstück zum ersten Mal betrat, hatte ich ein leichtes Vibrieren am ganzen Körper gespürt. Das passiert mir oft, wenn ich an einen für mich besonderen Ort komme. Ich bewarb mich und wurde kurze Zeit später eingestellt. Das war ein großes Glück, denn der Garten wurde ausschließlich für die Ausbildung von Studierenden angelegt. Alle Pflanzen konnten artgerecht gehalten werden und wurden nicht konsumiert. Meine Aufgabe war es, den Garten komplett neu anzulegen, Pflanzen anzuziehen und das ganze Jahr über zu pflegen, denn die Studierenden sollten Kräuter und andere arzneilich genutzte Pflanzen zu jeder Jahreszeit anschauen können.

Da der Garten keine Erträge bringen musste, konnte ich ihn in großen Teilen nach meinen Vorstellungen gestalten und bewirtschaften. Ich war sehr zufrieden, denn Kräuter leisten einen riesigen Beitrag für das Leben der Menschen. Genau aus diesem Grund war und bin ich der Meinung, dass sie unbedingt biologisch angebaut werden müssen. Diese Ansicht wurde damals noch von sehr wenigen Menschen geteilt, das machte mir aber nicht viel aus, denn ich hatte alle notwendigen Freiheiten und konnte nach Belieben experimentieren. Nach und nach entwickelte ich mich zu einem Biogärtner und Kräuterspezialisten. Außerdem hatte ich hier die Chance, mich ständig weiterzubilden.

## Ins Kraut geschossen

Mein Ehrgeiz war es, so viel wie möglich über Pflanzen zu erfahren. Ich studierte Bücher, fragte Kollegen, denn um Pflanzen verstehen und anwenden zu können, musste man sie genau kennen – dazu gehörte natürlich auch das Benennen. Genau deshalb entstand auch die allgemein anerkannte Pflanzenordnung. Aha.

Botaniker schauen sich Pflanzen sehr genau an und beschreiben Habitus, Austriebe, Blätter, Blüten, Früchte und Rinde. Wenn sie Pflanzen ausgraben, können sie das Wurzelsystem erkennen. Diese Beobachtungen sind ein sehr guter Ansatz, das Pflanzenreich mit seinen Hunderttausenden von Arten zu ordnen.

Beim Betrachten der einzelnen Pflanze ist sofort zu erkennen, ob es sich um ein Gehölz oder um ein Kraut handelt. Die einfache Definition: Kräuter sind alle Pflanzen, die nicht verholzen. Krautige Pflanzen werden außerdem nach ihrer Lebensdauer unterschieden. Es gibt einjährige, zweijährige und mehrjährige Kräuter.

Beim genaueren Hinschauen sind verschiedene Wuchsformen zu erkennen, außerdem sind zwischen ein- und zweikeimblättrigen Pflanzen zu unterscheiden. Den Unterschied macht, wie der Name schon sagt, die Anzahl der kleinen Blätter beim Keimen. Natürlich heben sich die beiden Gruppen noch in vielen anderen Punkten voneinander ab. Einkeimblättrige Pflanzen, zum Beispiel Gräser, haben parallelnervige, ungestielte

Blätter, und ihre Wurzeln wachsen sprossbürtig. Das bedeutet, alle Wurzeln setzen am selben Punkt an, und es werden keine Hauptwurzeln mit untergeordneten Seitenwurzeln gebildet. Ganz anders sieht es bei zweikeimblättrigen, krautigen Pflanzen wie dem Maggikraut oder der Zitronenmelisse aus. Ihre Blätter sind gestielt, ganz oder zusammengesetzt, netznervig, und die Wurzeln bestehen aus einer Hauptwurzel mit abzweigenden Nebenwurzeln. Die Leitbündel der Sprosse sind in einem Kreis angeordnet und ermöglichen so Dickenwachstum.

In der Gruppe der Gehölze gibt es Bäume, Sträucher und Halbsträucher. Alle Gehölze sind mehrjährig und können teilweise sehr alt werden. Bäume und Sträucher wachsen, solange sie vital sind, immer weiter in die Höhe und in die Breite. Stamm, Äste und Zweige nehmen dabei in jedem Jahr an Umfang zu. Natürlich gibt es für jede Gehölzart spezifische (theoretische) Obergrenzen. Diese kann das Gehölz jedoch nur schaffen, wenn es an einem für seine Art günstigen Standort steht und dort ungestört gedeihen kann.

Im Sommer können wir alle Gehölze an ihren Blättern unterscheiden. Es gibt einfache und zusammengesetzte Blätter, die sich wiederum in der Form der Blättchen unterscheiden. Weit verbreitet sind runde, herzförmige, eiförmige, ovale und lanzettliche Blätter. Manche Blätter sind aus sehr vielen kleinen Blättern zusammengesetzt (gefiedert), und auch bei ihnen gibt es große Unterschiede. Wer sich ein Blatt genauer anschaut, erkennt, dass die Blattspitzen spitz, zugespitzt oder stumpf sein können und die Ränder ganzrandig, gesägt oder gezähnt. Auch die Farbe der Blattoberseiten ist für die jeweilige Pflanzenart typisch, genau wie die der Blattunterseiten. Außerdem finden sich glatte oder behaarte Blätter, und bei manchen sind nur die Achseln der Blattunterseiten behaart. Einige Blätter sind ledrig, andere weicher, und manche Blätter sind schmal und spitz wie Nadeln.

All diese Charakteristika sind Grundlage für die Pflanzenbestimmung im Sommer. Doch manchmal ist die auch in anderen Jahreszeiten erforderlich. Im Winter können wir Büsche und Bäume anhand von Knospen und Rinde unterscheiden, im Frühjahr kommen noch Blütezeit, Blütenform und Blütenfarbe hinzu. Im Herbst geben Früchte und Blattfärbungen zusätzlich Informationen für die Einordnung der Pflanzen.

Spätestens an dieser Stelle wird klar, wie komplex die Pflanzenbestimmung ist und warum es so viele Botanikbücher gibt. Allerdings reicht diese Art der Pflanzenbetrachtung längst nicht aus, um Pflanzen vollständig wahrnehmen zu können.

### Die Zauberkraft von Pflanzen ist kein Märchen

Die Pflanzenkunde ist viel mehr als das Fachgebiet Botanik. Einst war die Botanik gleichgesetzt mit Kräuterkunde, doch das änderte sich irgendwann. Später wurde sie zu einer Wissenschaft, die auf der Suche nach dem ordnenden Sinn in der Natur war.

Johann Wolfgang von Goethe definierte gegen Ende des 18. Jahrhunderts im Rahmen seiner botanischen Studien den Begriff «Urpflanze». Darunter verstand er das ideelle Urbild einer Pflanze, aus der alle Pflanzenarten durch Abwandlung hervorgegangen waren. Seine Modellvorstellung: Wächst eine Pflanze, so entwickelt sie ein Blatt nach dem anderen, doch dann schließt sie an einem bestimmten Punkt die Blattentwicklung ab, und es entstehen durch Umwandlung bestimmter Blätter zunächst die Blütenblätter, aber auch die Staubgefäße – anders gestaltete Organe, die ebenfalls nichts anderes als umgestaltete Blätter sind.

In einem Blatt ist also die ganze Pflanze enthalten. Diesen

Ansatz fand ich spannend, und ich fragte mich: Ist womöglich in den Zellen der Blätter die Information über die komplette Pflanze enthalten? Oder genauer: Nach welchem Plan wächst eine Pflanze? Warum werden die einzelnen Pflanzen einer Art etwa gleich groß? Woher wissen sie – meine alte Frage –, wann sie zu blühen haben und wann zu fruchten? Warum geschieht das bei fast allen Artgenossen nahezu gleichzeitig? Warum haben Pflanzen einige Nachbarn lieber als andere? Und warum werden manche Pflanzen von Tieren gern gefressen, andere nicht? Wie altern Pflanzen? Wie können sie in Wüsten oder sogar in Eis überleben? Und überhaupt: Welche Bedeutung haben Pflanzen in unseren Ökosystemen, in Wechselbeziehung zu anderen Lebewesen? Fragen über Fragen, auf die es recht unterschiedliche Antworten gibt.

Zu Beginn der modernen Naturwissenschaften begann man, Pflanzen und ihre Inhaltsstoffe sehr akribisch zu isolieren und zu analysieren, so konnten Vermutungen über Stoffaufnahme und Stoffumwandlungen bestätigt oder falsifiziert werden. Dadurch ist heute auch zumindest bei Heil- und Nutzpflanzen weitestgehend bekannt, welche und wie viele Inhaltsstoffe sie haben und wie diese von uns Menschen genutzt werden können. Als Mitte des 20. Jahrhunderts herausgefunden wurde, dass die DNA Träger der Erbinformation ist, schuf die Erkenntnis über die DNA-Struktur schließlich die Grundlage für eine völlig neue Pflanzenforschung.

Pflanzengene wurden isoliert und erforscht, Sequenzen erstellt, die es heute zulassen, Aufschluss und Vorhersagen über Genfunktionen bei Pflanzen zu machen.

Mehr und mehr setzt sich auch die Erkenntnis durch, dass Pflanzen weitaus stärker interagieren, als wir uns das bisher vorgestellt haben. Der US-amerikanische Pflanzengenetiker Daniel Chamovitz oder der Förster und Autor Peter Wohlleben beschreiben auf wunderbare Art, dass Pflanzen mehr können, als nur Sauerstoff und Nahrung für uns Menschen zu liefern. Sie zeigen, was Pflanzen im Einzelnen wahrnehmen und wie sie untereinander kommunizieren. Pflanzengeschichten, die bislang eher dem Bereich phantasievoller Märchen zugeordnet wurden, fanden so eine Bestätigung. Man denke da nur an den britischen Schriftsteller J.R.R.Tolkins und seinen Roman *Der Herr der Ringe*. Bäume kommunizieren hier miteinander und handeln gemeinsam.

Ein Vorreiter auf diesem Gebiet ist der deutsch-US-amerikanische Kulturanthropologe Wolf-Dieter Storl. Er berichtet über die Verbindung von Menschen und Natur und auch über die geistige Dimension der Pflanzen. Er ist der Meinung, dass alle Kulturen, außer unserer gegenwärtigen, um die geistig-seelischen Dimensionen der Pflanzen wissen. Den Schamanen erscheinen die Pflanzen als göttliche Wesenheiten, Devas oder Lichtengel, die aktiv und bewusst in das Erdgeschehen und in die Menschheitsgeschichte eingreifen. Storl fordert dazu auf, uns der Natur wieder mehr anzunähern und die Kommunikation zwischen Mensch und Pflanze wiederherzustellen.

### Unter wilden Kräutern herrscht Ordnung

Doch zurück zu «meinem» Kräutergarten. Alle Pflanzen in ihm waren Nutzpflanzen und daher für uns Menschen von großer Bedeutung. Die einheimischen Kräuter hatten es mir besonders angetan, auch weil sie im Gartenbau bis dahin fast keine Beachtung gefunden hatten. Ich musste jede einzelne Pflanze genau kennenlernen, um sie erfolgreich anbauen zu können. Zahlreiche Exkursionen in die Umgebung halfen mir dabei, Naturstandorte zu ergründen und ein Gespür dafür zu entwickeln, was die Pflanzen in meinem Garten brauchten. Immerhin:

Es gab Hunderte verschiedener Heilkräuter, die ich teilweise noch nie gesehen hatte, und jedes Kraut hatte andere Bedürfnisse.

Der Garten hat immer noch einen Lehrauftrag, und aus diesem Grund werden alle Pflanzen systematisch nach Wirkstoffgruppen sortiert. Es gibt viele giftige Pflanzen wie Tollkirsche, Bilsenkraut, Stechapfel oder Schierling, sie alle enthalten Alkaloide. Das sind stickstoffhaltige Naturstoffe mit stark ausgeprägter Wirkung. Viele Alkaloide sind wichtige Arzneistoffe, die medizinisch eingesetzt werden können. Doch Achtung! Pflanzen mit Alkaloiden dürfen niemals eigenmächtig angewendet werden.

Außerdem sind da die Pflanzen mit einem hohen Anteil an ätherischen Ölen. Das sind leicht flüchtige und fettlösliche Stoffgemische mit charakteristischem Geruch. Die stark duftenden Pflanzen werden ganz unterschiedlich eingesetzt: Thymian und Anis sind Hustenmittel, Fenchel wirkt blähungstreibend und Rosmarin durchblutungsfördernd. Aufgrund ihres starken Aromas werden diese Pflanzen auch als Gewürze verwendet oder ihre ätherischen Öle als Duftstoffe eingesetzt.

Eine andere Pflanzengruppe enthält hauptsächlich Scharfstoffe. Diese sind in vielen scharf schmeckenden Kräutern wie Paprika, Senf, Knoblauch oder Meerrettich enthalten. Scharfstoffe reizen die Haut und wirken deshalb durchblutungsfördernd. Als Gewürz haben sie verdauungsfördernde Wirkung, und in der Heilkunde werden sie zu Salben und Pflastern verarbeitet, die bei rheumatischen Beschwerden und Verstauchungen eingesetzt werden können. Pflanzen mit Scharfstoffen helfen bei der Verdauung einiger nicht ganz leichter Speisen. Nicht umsonst wird Senf auf Wurst gestrichen.

Bitterstoffe sind gut für den Appetit. Wermut, Beifuß oder Andorn schmecken wirklich bitter und regen die Speichel-, Magensaft- und Gallensekretion an. Sie werden als Gewürz eingesetzt oder als Tee getrunken und sind häufig Bestandteil von Likören oder Magenbitter.

Außerdem gibt es zahlreiche gerbstoffhaltige Kräuter. Gerbstoffe sind sehr hilfreich bei kleinen Wunden, mit ihnen werden Tierhäute zu Leder verarbeitet. Sie wirken adstringierend, das heißt, sie ziehen Haut und Schleimhaut zusammen, auch haben sie eine desinfizierende Wirkung. Daher werden gerbstoffhaltige Kräuter zum Gurgeln bei Schleimhautentzündungen oder gegen Durchfall empfohlen. Eichenrinden oder Himbeerblätter sind bekannte Vertreter dieser Gruppe.

Zu finden sind weiterhin Kräuter mit Kohlenhydraten und fetten Ölen. Sie zählen zu unseren wichtigsten Nährstoffen und sind aus der Landwirtschaft nicht wegzudenken. Getreide und Kartoffeln gehören in diese Gruppe. Kohlenhydrate oder auch Schleimstoffe helfen bei Husten. Schleimstoffhaltige Pflanzen sind Eibisch, Malven oder Spitzwegerich. Aus den Samen von Raps, Sonnenblumen, Lein und Soja wird fettes Öl gewonnen, ein wertvolles Speiseöl.

Ebenso wachsen in dem Garten Kräuter mit Flavonoiden, sekundären Pflanzenstoffen (Ringelblume, Königskerze), Saponinen (Seifenkraut, Efeu) oder herzwirksamen Glykosiden (Fingerhut, Maiglöckchen). Und wie die meisten Kräuter weisen sie alle Vitamine, Mineralien und Spurenelemente auf und sind allein aus diesem Grund gesund (Ausnahme: Giftpflanzen). Jede Wirkstoffgruppe hat eigene Beete, und es werden nur Heilkräuter gepflanzt, deren Wirkung belegt ist.

Allerdings fragte ich mich öfter, ob wir dem Wesen der Pflanzen wirklich gerecht werden konnten, wenn wir unser Interesse ausschließlich auf Inhaltsstoffe und deren Verwendung reduzierten. Ich ahnte: Das reicht bei weitem nicht aus!

Besonders gern mag ich Fenchel. Fenchel (*Foeniculum vulgare*) ist eine zwei- bis mehrjährige Pflanze, seine ursprüngliche Heimat ist der Mittelmeerraum. Er hat dicke, fleischige Pfahlwurzeln und sehr feine, gefiederte Blätter. Ab dem zweiten Jahr treibt er 80 bis 200 Zentimeter hohe Blütenstände mit gelben Blüten und später mit aromatischen Früchten.

Die ältesten Nachweise seiner Verwendung stammen aus dem 3. vorchristlichen Jahrtausend und wurden in Syrien gefunden. Auch in den Hochkulturen Ägyptens, Chinas und Arabiens war Fenchel eine sehr geschätzte Heil- und Gewürzpflanze, und bei den antiken Griechen hatte sein Anbau, also seine Kultivierung, eine große Bedeutung. Dioskurides empfahl Fenchel zur Förderung der Muttermilch, bei Menstruationsbeschwerden sowie bei Blasen- und Nierenleiden. Die Römer kannten die Heilwirkung des Fenchels ebenfalls und verwendeten ihn als Gewürz zu fast allen Speisen. Bei uns wurde der Doldenblütler erstmals im frühen Mittelalter in den Klostergärten angebaut.

Fenchel ist eine uralte Symbol- und Zauberpflanze, wegen seiner angeblich augenstärkenden Kraft wurde er als Zeichen für geistige Klarsicht verstanden. Den Griechen galt Fenchel als Sinnbild für den Erfolg, nicht von ungefähr wurden siegreichen Kriegern Fenchelkränze aufgesetzt, auch wurden welche bei den Feiern des Dionysus-Kults und anderen Mysterienspielen getragen. Plinius beobachtete, dass Schlangen nach der Häutung viel Fenchel fraßen, daher stand die Pflanze ebenso für Erneuerung und Verjüngung.

Fenchelfrüchte haben eine schleimlösende, auswurffördernde, krampflösende, blähungstreibende und antibakterielle Wirkung. Sie sind Bestandteil von Husten-, Abführ- sowie Magen-Darm-Tees. Extrakt und ätherisches Öl finden sich in Fertigpräparaten gegen leichte Magen-Darm-Störungen, gegen Entzündungen der oberen Luftwege und in Abführmitteln. Säuglingen und Kleinkindern wird bei leichten Verdauungsstörungen Fenchelhonig gegeben. Die Volksheilkunde schätzt Fencheltee als milchbildendes Getränk bei stillenden Frauen.

Durch meine Arbeit im Garten sehe ich nun auch die Kamille (*Matricaria chamomilla*) mit ganz anderen Augen. Sie ist eine unserer bekanntesten und beliebtesten Heilpflanzen überhaupt, und es gibt wohl nur wenige Menschen, die den Duft der Blüten nicht aus früher Kindheit kennen. Die Kamille ist ein einjähriges Kraut und als Wildpflanze in ganz Europa und großen Teilen Asiens zu Hause. Sie wird etwa 50 Zentimeter hoch, hat weißgelbe Körbchenblüten und sehr fein gefiederte Blätter.

Im Alten Ägypten wurde die Kamille als Blume des Sonnengotts angesehen. Dioskurides, der griechische Arzt, empfahl sie bei Blasenentzündungen und Leberleiden, weiterhin als unterstützendes Mittel bei der Geburt und zum Austreiben von Steinen. Die Germanen verglichen die Kamillenblüten mit den Augenwimpern Balders, der in der nordischen Mythologie Gott des Lichtes, der Reinheit, der Güte und der Schönheit war. Als Hexenkraut brachte Kamille Frieden und Harmonie. Das Kraut ist natürlich auch eine Heilpflanze der Klosterheilkunde, und Kamillenöl war als Desinfektionsmittel für den Mundraum bekannt. Die Autoren alter Kräuterbücher priesen zudem die schmerzlindernden und beruhigenden Eigenschaften der Kamille und priesen sie bei Frauenleiden. Sie wurde zum Symbol für Heilung, Tugend, Schutz und gesunde Mutterschaft.

Heute ist die Heilwirkung der Kamille allseits anerkannt. Die Blüten werden frisch oder getrocknet zum Aufguss von Tee verwendet und helfen bei Erkrankungen im Magen- und Darmbereich, bei Verdauungsstörungen und Menstruationsbeschwerden. Salben, Tees, Tinkturen oder Öl können äußerlich eingesetzt werden und wirken lindernd, wenn die Haut entzündet ist, die Schleimhäute sowie die Atemwege und die Stirn- und Nebenhöhlen erkrankt sind. Doch Achtung: Kamillentee ist nicht zum Dauergebrauch geeignet. Eine Überdosierung kann zu Schwindel und Nervosität führen, und der häufige

Umgang mit getrockneten Kamillenblüten kann Allergien auslösen.

Nicht zu vergessen ist der Knoblauch (*Allium sativum*), eine der ältesten und gleichzeitig faszinierendsten Kulturpflanzen. Egal ob in der Heilkunde, in der Küche oder in der Welt der Zauberpflanzen – die Pflanze mit den charakteristischen Blütenständen und Knollen ist ein Klassiker. Knoblauch ist eine ausdauernde Pflanze, sie wird bis zu 80 Zentimeter hoch, hat graugrüne schmale Blätter und blüht im Sommer.

Uns Menschen ist Knoblauch seit rund 5000 Jahren bekannt. Seine Verwendung als Kulturpflanze ist so alt und so weit verbreitet, dass heute nicht mehr nachzuvollziehen ist, von welchen Wildstandorten er stammt. Den Ägyptern galt Knoblauch als heilige Pflanze, denn man kannte seine gesundheitsfördernde Wirkung und hielt ihn für ein Aphrodisiakum. In Griechenland war Knoblauch wegen seines Geruchs weniger beliebt. Der charakteristische Duft galt als unfein, Knoblauch aßen arme Leute. Die Römer dagegen schätzten ihn sehr. In ihren Gärten wurde er als Gemüse angebaut, und man schrieb den Zwiebeln Zauberwirkung zu. Knoblauch war als Mittel zur Steigerung der Libido und Potenz sehr beliebt, er war ein gern genommener Rohstoff für die Herstellung von Liebestränken. Erst im Mittelalter rückte die gesundheitsfördernde Wirkung der Zwiebelknollen in den Mittelpunkt. Die Pflanze wurde in Klöstern angebaut und als Mittel gegen die Pest eingesetzt.

Der Sage nach wuchs Knoblauch immer dort, wo der Teufel beim Verlassen des Paradieses seinen linken Fuß hinsetzte. Vielleicht galt er deshalb bei den Germanen als starkes Abwehrmittel gegen Hexen, böse Geister und Vampire. Außerdem wurde er als Schutzpflanze gegen Vergiftungen angesehen; es reichte dann aus, eine Knoblauchzehe bei sich zu tragen.

Damals wie heute werden die Knollen bei Magen- und

Darmleiden eingesetzt. Sie enthalten ätherisches Öl und organische Schwefelverbindungen und gelten als gefäßerweiternd, blutverflüssigend und blähungstreibend. Sie wirken bei chronischen Darminfektionen und Erkrankungen der Atemwege. Knoblauchkapseln werden zur Vorbeugung von altersbedingten Gefäßveränderungen, zur unterstützenden Behandlung von Bluthochdruck und bei erhöhten Blutfettwerten verordnet. Homöopathische Anwendungsgebiete sind Entzündungen der unteren Luftwege, Verdauungsstörungen und rheumatische Beschwerden.

### Pflanzen denken in Gesellschaften

Bald wurde klar, dass die Sortierung nach Wirkstoffgruppen nicht für alle Pflanzen die perfekte Lösung war. Wasserpflanzen wuchsen unter vollständig anderen Bedingungen als zum Beispiel Gebirgspflanzen. Mir blieb also nichts anderes übrig, als die richtigen Erforderlichkeiten für jede einzelne Pflanze im Garten zu schaffen.

Nach der Anlage der Hauptwege und Rasenflächen wurden die einzelnen Beetformen festgelegt. In fast jedem Beet musste die Erde ausgetauscht oder aufbereitet werden, denn der vorhandene lehmige Mutterboden war für die meisten Kräuter zu nährstoffreich und zu schwer. Es war einfach, für heimische Pflanzen den idealen Standort zu finden, denn sie stammten aus ähnlichen Klimazonen. Es musste hier nur der Boden angepasst und auf die richtigen Lichtverhältnisse geachtet werden. Auf diese Weise fanden Kräuter mit völlig unterschiedlichen Ansprüchen Platz auf einem Beet. Gegossen wurde per Hand, denn fast jedes Kraut hat einen eigenen Wasserbedarf.

Anfangs hatte ich tatsächlich den Ehrgeiz gehabt, sämtliche Pflanzen einer Wirkstoffgruppe in den dafür vorgesehenen Beeten unterzubringen. Sehr schnell musste ich allerdings feststellen, dass diese Ordnung nicht überall möglich war. Es gab einfach zu viele Pflanzen, die einen individuellen Standort benötigten. Etwa Halbschatten- oder Schattenpflanzen, die nur eine Teilmenge der üblichen Lichtmenge benötigten, darunter Estragon, Bärlauch oder Minze. Natürlich konnte ich sie in sonnige Beete setzen, allerdings musste ich dann in Kauf nehmen, dass sie im Sommer regelrecht verbrannten. Also legte ich Schattenbeete an.

Mediterrane Kräuter dagegen brauchen viel Sonne und Wärme und vertragen kräftige Niederschläge nicht so gut. Im Garten fanden sie ihren Platz im Steingarten, der gen Süden und Westen ausgerichtet war. Dort war es besonders warm und trocken und der Boden etwas magerer als in den sonstigen Beeten. Hier wuchsen diese Kräuter perfekt und hatten besonders intensive Aromen. Außerdem entstanden Feucht- und Magerwiesen und ein sandiges Beet für Heidepflanzen. Es gab auch einen Teich für Wasserpflanzen und daneben ein nasses Moorbeet mit erhöhtem Säuregehalt. Bäume und Sträucher hatten in den Beeten nichts zu suchen. Sie wurden als Solitär gepflanzt und setzten im Garten besondere Akzente. Sträucher und Wildrosen rahmten die gesamte Gartenanlage ein.

Nach und nach hatte jede Pflanze ihren Platz gefunden, vielfach durch Beobachtung der Natur. Einige Pflanzen wuchsen kümmerlich oder viel zu stark. Manche Blätter waren sehr klein, vergilbt und teilweise verbrannt, andere zu groß und unnatürlich gefärbt. Die Kräuter überlebten trotzdem, waren aber weniger wirksam. Das war natürlich nicht optimal, wenn sie als Heilkräuter verarbeitet werden sollten. Es dauerte einige Jahre, bis ich mit den einzelnen Pflanzen so vertraut war, dass ich allein an ihrem Anblick erkannte, ob sie im Garten die richtigen Bedingungen hatten.

Von Anfang an existierten im Arzneipflanzengarten Spezialstandorte für verschiedene Pflanzengesellschaften. Ich verfolgte, wo sich welches Kraut ansiedelte und wie es sich in Konkurrenz mit anderen Wildpflanzen behauptete. Dadurch entwickelte ich Ideen, wie ich diese als Gärtner besser kultivieren konnte. Eine besondere Rolle kam dabei dem Boden zu. Entscheidend war seine korrekte Einschätzung, denn nur wenn er wirklich passte, konnten die Pflanzen gesund wachsen. Es gab viel über Böden zu erfahren.

### Zurück zu den Wurzeln

Unsere Böden sind durch Verwitterung von Untergrundgestein und Pflanzenwachstum entstanden, und je nach Gestein existieren sehr unterschiedliche Bodenqualitäten. Böden speichern Wasser, Sauerstoff und Nährstoffe und halten sie für die Pflanzen verfügbar. Sie sind über Jahrtausende natürlich entstanden und haben abhängig vom Untergrundgestein, dem Klima und der natürlichen Vegetation ihre jeweiligen Qualitäten entwickelt. Unterschieden wird grundsätzlich zwischen schweren, mageren und optimalen Böden. In der Natur sind außerdem noch Extremstandorte wie Moorböden, Feuchtwiesen, Kalkmagerrasen oder Schotterflächen zu finden.

Schwere Böden enthalten viel Ton oder Lehm. Sie sind sehr klebrig, oft verdichtet, neigen zu Staunässe und sind nicht für alle Pflanzen geeignet. Schwere Böden sammeln viel Wasser und Nährstoffe, was im Sommer von Vorteil sein kann. Allerdings neigen sie auch zu Verdichtungen und bilden oft hartnäckige Sperrschichten, was bei viel Regen zu Staunässe führt. Der Luftaustausch ist bei schweren Böden dadurch nicht optimal, und so bleiben sie im Frühjahr sehr lange nass und kalt. Jungpflanzen und viele Kräuter haben dann schwierige Startbedingungen. Schwere Böden müssen daher ständig verbessert werden. Pflügen oder Umgraben belüften diese Böden, und das regelmäßige Einarbeiten von Sand und Kompost verbessert sie nachhaltig.

Magere Sandböden sind genau das Gegenteil von schweren Böden. Sie erwärmen sich schnell, und überschüssiges Wasser kann problemlos abfließen. Jungpflanzen und Kräuter haben hier beste Startbedingungen. Doch auch Sandböden haben Nachteile. Sie trocknen schnell aus und müssen häufig gegossen werden, was zur Auswaschung der wenigen Nährstoffe führt. Kräuter und einige Gemüsearten wachsen auf Sandböden recht gut, wenn sie regelmäßig mit Nährstoffen versorgt werden. Gaben von Tonmehl und Kompost verbessern Sandböden langfristig.

Der ideale Boden für die allermeisten Pflanzen ist sandiger Lehm, denn er verbindet die Vorteile von Ton- und Sandböden. Sandiger Lehm ist locker, sein Nährstoffhaushalt ausgeglichen und der Wasserhaushalt ideal. Meist ist er von Natur aus humos und bleibt durch regelmäßige Zufuhr von Kompost fruchtbar.

Eine erste Einschätzung eines Bodens geben sogenannte Zeigerpflanzen. Dabei handelt es sich um Wildkräuter, die bei uns heimisch sind und verschiedene Standorte besiedeln. Sie lassen Rückschlüsse auf den Boden und seine Nährstoffe zu. Nahrhafte Böden werden zum Beispiel durch Brennnesseln, Taubnesseln oder Löwenzahn angezeigt, ärmere Böden beherbergen Mauerpfeffer, Wicken oder Ziest. Auf kalkreichen Böden wachsen Ackersenf, Ringelblumen und Wegwarten, auf kalkarmen Böden Hundskamille, Sauerampfer und Schachtelhalm. Anhand der vorhandenen Pflanzen kann man also die Bodenqualität erkennen. Eine wirklich starke Botschaft der Pflanzen!

## Mulchen nicht vergessen

Nach den Erfahrungen in der Gärtnerei empfand ich es als sehr wohltuend, mich nun mit dem biologischen Gartenbau zu beschäftigen. Die Umstellung von Gärten und Äckern auf biologischen Anbau war für die Pflanzen eine Form der Wertschätzung. Viele Gärten wurden noch konventionell bewirtschaftet, die Nutzgärten wirkten oft sehr aufgeräumt, nicht zuletzt, um keinen Ärger mit Nachbarn zu bekommen. Im Herbst wurden alle Pflanzen abgeschnitten und die Erde ordentlich umgegraben. Es ist jedoch inzwischen erwiesen, dass das Umgraben das Bodenleben stört und nur in Ausnahmefällen erfolgen sollte. Auch das Abschneiden von trockenen Fruchtständen im Herbst muss überdacht werden, denn sie bieten Insekten im Winter Nahrung und Unterschlupf.

Pflanzen brauchen unentwegt genügend Nährstoffe, und manche Böden enthalten nicht genug davon. Doch eine nachhaltige Bodenpflege kann die Ernte jedoch enorm steigern, wie Biogärtner wissen. Sie verbessern ihre Böden durch Mulchen, Kompostgaben und die regelmäßige Aussaat von Gründünger. Der Humusanteil im Boden steigt dadurch, ebenso wird das Bodenleben gefördert. Ein aktives Bodenleben wiederum ist die Voraussetzung für die Entwicklung aller Böden und damit auch der Pflanzen. Beim Mulchen wird der Boden mit einer Schicht abgestorbener Pflanzenreste abgedeckt. Darunter bleibt es feucht, und es kommt zu deutlich weniger Erosionen. Außerdem wird die Mulchschicht nach und nach von Kleintieren und Mikroorganismen abgebaut und in Pflanzennährstoffe umgewandelt.

Die Gründüngung ist eine uralte Methode, Böden nachhaltig zu verbessern. Sie kommt immer dann zum Einsatz, wenn Äcker oder Beete über kürzere oder längere Zeit brachliegen. Die ausgesäten Pflanzen lockern mit ihrem tief in die Erde gehenden Wurzelsystem selbst schwere und verdichtete Böden, regulieren den Wasser- und Nährstoffhaushalt und reichern organische Masse (Humus) an. Der Humus wird dann vom Bodenleben in ebenjene Pflanzennährstoffe umfunktioniert. Einige Gründüngungspflanzen sind zudem in der Lage, Stickstoff aus der Luft zu sammeln und für die nächste Pflanzengeneration im Boden zu speichern. Andere Pflanzen wurzeln sehr tief und verwerten die Nährstoffe aus tieferen Bodenschichten. Durch Gründüngung entsteht also auf Dauer ein ausgeglichenes Bodenklima. Der Boden wird fruchtbarer.

Der Arzneipflanzengarten war bestens versorgt, da eigener Kompost ausgebracht wurde, so blieben auch die Gartenabfälle den Nährstoffkreisläufen erhalten. Nun kann es sein, dass nicht genügend Kompost vorhanden ist, dann ist abgelagerter Mist eine hervorragende Alternative. Und reichen die gegebenen Bodenpflegemaßnahmen für die Pflanzenernährung nicht aus, muss im Garten doch gedüngt werden. Bei den gängigen Düngemitteln gibt es feine Unterschiede. Es sind Mineraldünger und organische Dünger auf dem Markt, beide können unsere Pflanzen gut versorgen. Für die Umwelt und für den Boden sind organische Dünger natürlich die bessere Wahl, denn sie sind pflanzlichen oder tierischen Ursprungs und gelten als nachhaltig. Ihre Nährstoffe werden nach und nach im Boden zersetzt und stehen den Pflanzen «in Raten» zur Verfügung. Die Nährstoffe bleiben im Boden verhaftet und werden nicht so leicht ausgewaschen.

Eines der verträglichsten Düngemittel ist die Pflanzenjauche. Brennnesseljauche zum Beispiel enthält Stickstoff, Kali und viele andere Nährelemente und fördert das Pflanzenwachstum. Eine Jauche mit Ackerschachtelhalm stärkt die ganze Pflanze, Beinwell fördert das Fruchtwachstum, und Schafgarbe stärkt die Abwehr.

Bei Pflanzen ist es wie bei Menschen und Tieren, je ausgewogener die Versorgung, umso seltener sind Krankheiten.

Ein wichtiger Aspekt des biologischen Anbaus ist der Pflanzenschutz. Häufig kommen noch immer Spritzmittel zur Wildkraut- oder Schädlingsbekämpfung zum Einsatz, was in den meisten Fällen nicht notwendig ist. Die Auswahl eines geeigneten Standorts, die optimale Versorgung der Pflanzen und die Anlage von Mischkulturen helfen, einen starken Schädlingsbefall zu vermeiden.

Biogärtner handeln also nach einem alten Grundsatz: Wer seinen Boden gut pflegt und seine Pflanzen nachhaltig versorgt, kann sich ein Leben lang gut ernähren, wobei gleichzeitig die Fruchtbarkeit des Bodens zunimmt. Super, doch leider erleben wir in Zeiten der industriellen Landwirtschaft so ziemlich das genaue Gegenteil! Pflanzen haben einen entscheidenden Einfluss auf die Entstehung und Entwicklung von Böden, und schon aus diesem Grund müssen wir ihnen höchste Wertschätzung entgegenbringen.

## Mischkulturen waren schon immer die besten

Jede Gartenpflanze hat ihre eigene Herkunft, und es ist nützlich zu wissen, von welchen Wildstandorten und -pflanzen sie abstammen. In der Natur wachsen Pflanzen in Gruppen auf Wiesen, in Wäldern, im Gebirge, in oder an Gewässern, in der Heide oder im Moor. Die Standorte geben uns erste Hinweise, ob sie in unseren Garten passen.

Neben Boden und Nährstoffen spielt die richtige Lichtmenge eine große Rolle. Aus der Natur kennen wir sonnige, halbschattige und schattige Standorte und die passenden Pflanzen dazu. Zu den sonnenhungrigen Pflanzen gehören Ackerfrüchte, mediterrane Kräuter oder Obstbäume und das meiste Gemüse. An halbschattigen Standorten wachsen Pflanzen wie Salat, Himbeeren, Petersilie oder auch viele Blumen. Für schattige Standorte gibt es nicht so viele Pflanzen, außer vielleicht Farne, Waldmeister oder eben Bärlauch.

Wasser ist lebenswichtig, denn Pflanzen benötigen es für fast alle Lebensvorgänge. Es kühlt bei Hitze, transportiert Nährstoffe und erhält die Pflanzengestalt. Außerdem ist es für zahlreiche Stoffwechselvorgänge notwendig. Pflanzen brauchen unterschiedliche Mengen an Wasser, und das muss bei der Gartenplanung berücksichtigt werden. Temperaturen, Wind und Kleinklima haben ebenfalls eine große Wirkung, und es ist gut, im Garten passende Klimazonen zu haben.

Als Gärtner kann ich an vielen Stellen Einfluss auf die Wachstumsbedingungen der Pflanzen nehmen. Wenn es zu trocken ist, kann ich gießen, wenn es zu nass ist, kann ich ein Schutzdach bauen. Wird es zu warm, werden die Pflanzen mit Stoffen schattiert, und mit denselben Stoffen kann ich sie vor Kälte schützen.

Mischkulturen und eine passende Fruchtfolge stärken Pflanzen und halten den Boden vital. Die verschiedenen Pflanzen können sich ergänzen, und der im Beet vorhandene Platz wird perfekt genutzt. Bringen wir eine große Vielfalt an Pflanzen ins Beet, werden die im Boden vorhandenen Nährstoffe auch gleichmäßig verbraucht. Ein anderer Ansatz bei Mischkulturen ist es, zusammen große und kleine Pflanzen zu pflanzen. So können sie das vorhandene Platz- und Lichtangebot optimal nutzen. Mischkulturen haben aber noch andere Vorteile: Einige Pflanzen produzieren Inhaltsstoffe, die für das Wachstum anderer Pflanzen ausschlaggebend sind. Allgemein gilt: Pflanzen mit ätherischen Ölen vertreiben Schädlinge wie Läuse und Pflanzen mit Scharfstoffen Pilzkrankheiten. Eine klassische und einfache Mischkultur: Möhren kombiniert mit

Zwiebeln. Die Ausdünstungen beider Pflanzen vertreiben ihre Hauptschädlinge, die Möhren- und die Zwiebelfliege. Eine tolle Mischkultur sind auch Bohnen und Bohnenkraut. Die Pflanzen helfen sich gegenseitig im Beet und gehören in denselben Kochtopf, denn Bohnen verursachen im Magen Blähungen, und Bohnenkraut hält dagegen. Einen Überblick über andere bewährte Kombinationen geben Mischkulturtabellen, die in jedem guten Biogartenbuch oder auch im Internet leicht zu finden sind. Überhaupt sollte man den Boden abwechslungsreich bepflanzen, denn abnehmende Fruchtbarkeit und Krankheiten sind häufig eine Folge von stets gleicher Bepflanzung.

Nicht zu vergessen ist der individuelle Nährstoffbedarf einzelner Pflanzen. Nutzpflanzen werden aus diesem Grund in Stark-, Mittel- und Schwachzehrer eingeteilt. Die Bezeichnungen weisen darauf hin, wie viele Nährstoffe sie im Einzelnen brauchen. Schon die Bodenbeschaffenheit macht einen ersten Vorschlag, welche Pflanzen angebaut werden können. Auf nahrhafte Böden gehören als Erstes Starkzehrer, die einen hohen Stickstoffverbrauch haben (dazu gehören viele Kohlsorten, Rettich, Rüben, Paprika, Tomaten, Kartoffeln. Kürbisse, Spargel, Rhabarber, Mais). Es ist dann sinnvoll, Mittel- und Schwachzehrer (sie benötigen weniger Nährstoffe) als Folgekulturen zu pflanzen, um den Boden nicht zu sehr zu ermüden.

Wenn alles passt, gibt es kaum Probleme mit Krankheiten oder Schädlingen, und wenn doch, helfen Pflanzenbrühen und -jauchen am besten. Lavendel, Thymian und Salbei schützen vor Läusen, Rainfarn und Schachtelhalm wirken vorbeugend gegen Pilzkrankheiten. Die schon erwähnte Brennnesseljauche ist Dünger und Spritzmittel gegen Läuse in einem. Zum Herstellen einer Jauche wird ein großes Gefäß zur Hälfte mit klein geschnittenen frischen Pflanzen gefüllt und dann mit Wasser bis zum Rand gefüllt. Am besten eignet sich abgestandenes, warmes Regenwasser. Der Ansatz muss zwei Wochen gären, bis die Jauche eine dunkle Farbe angenommen hat. Dann wird sie abgeseiht und vor dem Ausbringen unbedingt verdünnt. Kräuterbrühen werden etwas anders hergestellt. Die Pflanzenteile werden zerstückelt und müssen etwa einen Tag lang in Wasser einweichen. Danach wird die Brühe zugedeckt, eine Stunde gekocht und anschließend filtriert. Ist die Brühe erkaltet, kann sie unverdünnt ausgebracht werden.

Dieser kleine Exkurs in das biologische Gärtnern macht deutlich, wie sehr sich Pflanzen gegenseitig ergänzen und den Böden helfen. Wir brauchen nicht viel Phantasie, um zu erkennen, dass alles voneinander abhängt, und wir können ahnen, wie abhängig auch wir Menschen von den natürlichen Kreisläufen sind. Die Pflanzen helfen uns, und es ist gut, das zu erkennen!

## Auf Lavendel, Melisse & Co. hören

Die vielen Jahre im Kräutergarten veränderten meine Haltung gegenüber Pflanzen noch einmal nachhaltig. Früher hatte ich Pflanzen gesammelt, weil ich sie schön fand und gern um mich haben wollte. Die Arbeit mit den Wildpflanzen brachte mir dann aber das Aha-Erlebnis, dass Pflanzen unbedingt dorthin gehören, wo sie die besten Voraussetzungen für sich vorfinden.

Diese Erkenntnis ist für mich bis heute eine wichtige Botschaft der Pflanzen: «Du kannst uns zwar sammeln und bei dir im Garten oder zu Hause halten, das nutzt dir aber nicht viel, wenn du nicht gute Bedingungen für uns schaffst.» Jeder, der diese Botschaft verstanden hat, wird ganz schnell vom Pflanzensammler zu ihrem Diener. Im Gegenzug wird er von den Pflanzen mit Schönheit, Gesundheit und wirksamen Inhaltsstoffen belohnt!

Im Kräutergarten erging es den Pflanzen bald bestens, sodass sie aromatisch und voller Inhaltsstoffe waren. Das war nicht unwichtig, denn nur eine hohe Pflanzenqualität machte die Kräuter zu echten Heilpflanzen. Ich arbeitete und experimentierte so viele Jahre, dass ich mittlerweile anhand der Größe, der Farbe, des Geschmacks und Geruchs erkennen kann, wie stark die Wirkung der Kräuter ist.

Zu meinen neuen Lieblingskräutern gehörte der Echte Lavendel (*Lavandula angustifolia*). Er ist ein 30 bis 60 Zentimeter hoher Halbstrauch mit silbrig-grauen schmalen Blättern und duftenden blauvioletten Blüten. Das Wort «Lavandula» ist abgeleitet vom lateinischen Wort *lavare*, was gleichbedeutend ist mit «waschen». Kein Wunder, denn der würzig duftende Strauch wurde seit alters her zum Baden verwendet.

Lavendel ist eine uralte Duft- und Heilpflanze. Dioskurides beschrieb die Herstellung von Lavendelwein oder -essig als Mittel gegen Blähungen und zum Lösen von Schleim. Allerdings ist davon auszugehen, dass er sich in seinen Berichten auf den Schopflavendel (*Lavandula stoechas*) bezogen hat. Die Römer nutzten den Lavendel, um ihr Badewasser zu parfümieren. Die Entdeckung des Echten Lavendels als Heilpflanze dürfte hingegen das Verdienst der Klosterheilkunde sein. In den Klöstern wurde die Pflanze gegen Blähungen und Magenschmerzen verwendet, und Hildegard von Bingen beschrieb ihre Verwendung gegen Läuse. Die große Zeit des kompakten Lavendels hatte ihren Ursprung im 18. Jahrhundert im französischen Grasse. Dort wurde damit begonnen, Leder zu parfümieren, und die Nachfrage nach diesem Lippenblütler stieg steil an. Es wurden riesige Feldkulturen angelegt, und in der Folge entstanden die großen Parfümhäuser Frankreichs.

Auch im Volksglauben ist der Lavendel tief verwurzelt. Der Duft von Lavendelsträußen half, das Böse fernzuhalten, er konnte gute Hexen vor der Verfolgung durch den Teufel retten. Lavendel reinigte und galt als wirksames Mittel gegen die Pest. Ohnmächtig gewordene Damen rief der Duft von Lavendel zurück ins Leben. Widerborstige Männer sollten gefügig gemacht werden, indem man die Wäsche mit Lavendel parfümierte.

Lavendel wirkt jedenfalls beruhigend, ausgleichend und entspannend. Die Volksheilkunde empfiehlt Tee oder Bäder mit Lavendel bei Unruhe, Einschlafstörungen, Kopfschmerzen, Zahnschmerzen und Hautausschlägen.

Fasziniert war ich auch vom Lein (*Linum usitatissimum*), eine ähnliche alte Kulturpflanze wie Gerste und Weizen. Lein ist ein einjähriges Kraut mit kleinen, schmalen Blättern und wird bis 100 Zentimeter hoch. Es blüht im Sommer hellblau und bildet später geschlossene Kapseln mit Samen.

Lein wurde schon vor 6000 bis 8000 Jahren von den Sumerern und den Ägyptern ausgesät. In der jüngeren Steinzeit kam das Kraut nach Europa und ist hier bis heute als Öl- und Faserpflanze in Kultur. Im Alten Ägypten war die Pflanze dem Himmelsgott Schu geweiht, auch wurde sie dort im großen Stil angebaut, denn ihre Fasern wurden für die Herstellung von Segeln und Leichentüchern benötigt. Ab dem Mittelalter durchlief der Leinanbau eine rasante Entwicklung und machte Deutschland im 16. Jahrhundert zu einer bedeutenden Nation. Ende des 19. Jahrhunderts verlor die Nutzpflanze an Bedeutung, denn die Verwendung von Baumwolle setzte sich in der Textilindustrie immer stärker durch.

Einst hatte das Tragen von Leinengewändern in vielen Kulturen einen großen Symbolwert. Die Priester der Hebräer und Pythagoreer waren im Tempel in Leinengewänder gekleidet und demonstrierten so ihre Bereitschaft zur Reinheit und Erhebung. Es ist anzunehmen, dass die Christen diesen Brauch übernahmen, denn auch sie trugen weiße Gewänder für ihre liturgischen Handlungen. Die Kelten und Germanen bevorzugten ebenfalls Leinen für ihre Kleidung. Der Legende nach soll die Muttergöttin Freya persönlich die Menschen in die Geheimnisse der Pflanze eingeweiht haben.

Die Volksmedizin kennt Leinsamen vor allem als mildes Abführmittel. Leinsamenschleim wirkt bei entzündlichen Erkrankungen des Magen-Darm-Kanals, und der Aufguss hat sich als Gurgelmittel bei Entzündungen im Mund- und Rachenraum bewährt. Er hilft bei Reizhusten und bei Heiserkeit, und warme Breiumschläge aus zerstoßenen Samen sind wirksam bei Wunden und Hautentzündungen. Der überwiegende Teil der Leinsamenernte wird zur Herstellung von Öl genutzt. Das gepresste Leinöl gilt als wertvolles Speiseöl und ist Rohstoff für die Herstellung von Ölfarben, Firnissen, Schmierseife und Linoleum.

Und die Melisse (*Melissa officinalis*) hatte ich für mich entdeckt. Die Melisse ist eine mehrjährige Pflanze aus dem östlichen Mittelmeergebiet. Sie wächst bis zu 80 Zentimeter hoch und hat zitronig duftende Blätter und kleine weiße Blüten.

In alten Kräuterbüchern ist oft nachzulesen: «Melisse am Abend getrunken, erzeugt schöne Träume.» Vielleicht ist das der Grund, warum das Kraut als ausgezeichnete Medizin für die Nerven gilt. In Klöstern wurde Melissengeist gebraut und getrunken. Der Name «Melissa» stammt aus dem Griechischen und bedeutet so viel wie «Biene» oder «die Honigsüße». Das Kraut kam im 11. Jahrhundert mit den Arabern nach Spanien und wurde bei uns erstmals in den Klostergärten angebaut. Die Äbtissin Hildegard von Bingen war von seiner beruhigenden Kraft dermaßen überzeugt, dass sie schrieb: «Die Melisse vereint die Kräfte von 15 anderen Kräutern in sich.» Und der Arzt Paracelsus (1493–1541) dichtete: «Melissa ist von allen Dingen, welche die Erde hervorbringt, das beste Kräutlein für das Herz.» Scheinbar hatte ihn die herzähnliche Form der Blätter auf diesen Gedanken gebracht. Für ihn war die Melisse ein Herzkraut und wurde als solches eingesetzt. In aller Regel wurde es als Destillat eingenommen.

Heute sind getrocknete Melissenblätter Bestandteil von Schlaf- und Nerventees. In der Volksheilkunde wird Melisse auch als Stärkungsmittel in Erkältungszeiten eingesetzt und bei nervösen Herzbeschwerden. Das ätherische Öl verwendet man in Entspannungsbädern und zur Herstellung von Salben, und nach wie vor ist der Melissengeist ein beliebtes Hausmittel.

Eines der vielseitigsten Kräuter ist für mich die Minze (*Mentha spec.*), denn es gibt sie in sehr vielen Sorten. Die Minze ist eine mehrjährige Pflanze und als Kulturpflanze in unzähligen Kreuzungen und Sorten weit verbreitet. Sie wird bis 80 Zentimeter hoch und bildet zahlreiche Ausläufer. Minze hat aromatische Blätter und blüht in Weiß, Rosa oder Violett von Juli bis August.

Im Alten Ägypten war die Pfefferminze (*Mentha x piperita*) bekannt, sie wurde einem toten Pharao in den Sarkophag gelegt, als Schutz für die Reise ins Jenseits. Die griechischen Ärzte der Antike kannten ebenfalls die Vorzüge der Minze. Vermutlich stammt der Name «Mentha» aus der griechischen Mythologie. Der Sage nach soll sich Hades, der Gott der Unterwelt, in die schöne Nymphe Minthe (auch Menthe) verliebt haben. Als seine Frau Persephone diese Liebe entdeckte, hat sie die Nymphe in eine Kriechpflanze verwandelt, um sie besser mit Füßen treten zu können. Und um den Appetit ihrer Gäste anzuregen, bestreuten Griechen und Römer an Festtagen ihre Fußböden mit Blättern der Minze. Die Römer würzten Saucen und Wein damit und trugen bei ihren Gelagen Kränze aus Minze, um dem Kater vorzubeugen. Minze galt ihnen auch als Aphrodisiakum und als Symbol der Gastfreundschaft. Das aromatische Kraut fand ebenfalls in der Bibel Erwähnung. Allerdings war dort wahrscheinlich die Rossminze (*Mentha longifolia*) gemeint, die im Heiligen Land zu Hause war. Zur Reinigung ihrer Tempel legten die Hebräer den Boden mit Minze aus, was später von der italienischen Kirche übernommen wurde.

Hildegard von Bingen pries die Wirkung verschiedener Wildformen der Minze und empfahl sie bei Völlegefühl und zur Förderung der Verdauung. Als besonders wirksam galt die Krause Minze (*Mentha spicata var. crispa*). Sie stammt wahrscheinlich aus China und wurde lange in Südeuropa kultiviert. Heute hat sich der Anbau der Pfefferminze (*Mentha x piperita*) durchgesetzt. Sie ist zufällig durch eine Kreuzung der Grünen Minze (*Mentha spicata*) mit der Bach-Minze (*Mentha aquatica*) im 17. Jahrhundert in England entstanden. Nach und nach entwickelte sich daraus ein riesiges Sortiment an Kulturformen.

Pfefferminztee wird aus getrockneten Blättern zubereitet und ist ein beliebter Haustee. Er wirkt krampflösend, beruhigend und im Sommer, eiskalt getrunken, erfrischend. Pfefferminztee als Badezusatz reinigt die Haut. Gern nimmt man auch das Pfefferminzöl zur Hand. Es gilt als entzündungshemmend, krampf- und schleimlösend und wird zur Schmerzlinderung bei Kopfschmerzen und bei Erkältungen angewendet. Doch Vorsicht: Pfefferminzöl löst in seltenen Fällen allergische Reaktionen aus.

## «Unkraut» im Biogarten

Im Arzneipflanzengarten konnte ich mich als Gärtner voll ausleben. Ich fand es großartig, mit den verschiedensten Pflanzengruppen zu experimentieren, Kräuter anzuziehen, zu pflegen und später ihre Samen zu ernten. Das Saatgut wurde getrocknet, gereinigt und für die kommende Saison eingelagert. Ein

Großteil der Kräuterarten wurden nie von Pflanzenzüchtern bearbeitet. Folglich hatten sie den Charakter von Wildpflanzen behalten und waren gerade deshalb ökologisch wertvoll und sehr wirksam.

Mit der Zeit entwickelte der Garten mit seinen stark wirksamen Kräutern ein ganz eigenes Flair. Nach seiner Fertigstellung Ende der Achtzigerjahre wurde der Lehrgarten auch für ein externes Publikum geöffnet, und die ersten Besucher kamen. Das Echo war zunächst geteilt. Viele mochten Wildpflanzen und begannen sich für einen biologischen Gartenbau zu interessieren. Andere fanden das «Unkraut» abscheulich und einen Biogarten nur ungepflegt. Doch es dauerte nicht lange, bis sich die ersten Nachahmer dieser damals noch jungen Gartenkultur fanden. Schon bald organisierte ich Veranstaltungen und Führungen, und die wenigen Biogärtner, die es damals gab, tauschten sich aus und halfen sich gegenseitig. Kräuter, Gemüse und Biogärten wurden langsam populärer.

## Elysische Felder

Die Arbeit im Garten machte mich zufrieden, denn es ist eine wunderbare Aufgabe einen solchen anzulegen, zu pflegen und für alle Pflanzen zu sorgen. Bald wuchs jedes Kraut an seinem richtigen Platz und bereicherte so die gesamte Anlage.

Die schönsten Gärten finden wir in England, und nicht zu Unrecht wird dort behauptet, dass Gärtnern die größte Kunst überhaupt sei. Diese hohe Kunst können wir bei uns in alten Landschaftsparks, so im Gartenreich Dessau-Wörlitz, bewundern. Der Park wurde im 18. Jahrhundert nach englischem Vorbild angelegt und gilt als eine der bedeutendsten Kulturlandschaften Europas. Alles – jedes Bauwerk, jede Hecke, jeder Baum, jede Sichtachse – wurde so geschickt platziert, dass der riesige Park bis heute ein stimmiges Gesamtkunstwerk ist. Eine enorme Leistung, denn die Planer mussten damals schon im Blick gehabt haben, wie sich die Bäume über Jahrhunderte entwickeln würden. Im Lauf der Jahrhunderte haben sie riesige Kronen gebildet – und behindern sich trotzdem nicht. Einige wurden so gekonnt am Wasser gepflanzt, dass ihre Kronen durch die Spiegelung im Wasser noch mächtiger wirken. Phantasievolle Bauwerke, gelungene Wegeführung, Gewässer, Brücken, weitläufige Wiesen und teilweise auch landwirtschaftliche Nutzflächen geben den Bäumen den passenden Rahmen und machen das Gartenreich aus.

Dieser Park war offenbar schon in seinen Anfangsjahren sehr beeindruckend, denn der neunundzwanzigjährige Goethe schrieb in einem Brief an Charlotte Freifrau von Stein 1778 über das «Neue», das rings um ihn war: «Hier ist's jetzt unendlich schön. Mich hat's gestern Abend, wie wir durch die Seen, Kanäle und Wäldchen schlichen, sehr gerührt, wie die Götter dem Fürsten erlaubt haben, einen Traum um sich herum zu schaffen. Es ist, wenn man so durchzieht, wie ein Märchen, das einem vorgetragen wird, und hat ganz den Charakter der elysischen Felder; in der sachtesten Mannigfaltigkeit fließt eins in das andre; keine Höhe zieht das Auge und das Verlangen auf einen einzigen Punkt; man streicht herum, ohne zu fragen, wo man ausgegangen ist und hinkommt. Das Buschwerk ist in seiner schönsten Jugend, und das Ganze hat die reinste Lieblichkeit.»

Diese Aussage gilt unverändert, also haben die Planer und Erbauer des Parks mit Sicherheit alles richtig gemacht. Sie müssen eine sehr genaue Vision davon gehabt haben, wie die gesamte Anlage später aussehen wird. Vielleicht haben die Bäume geholfen und ihnen diese Vision eingeflüstert, denn es erscheint fast unmöglich, dass Menschen die notwendige Vorstellungskraft haben, um eine so umfassende Anlage in der erkennbaren Perfektion zu gestalten. Wundern würde mich das nicht, denn geniale Musiker berichteten schließlich davon, dass sie ihre Kompositionen in Form von Visionen hörten, bevor sie ihre Partituren niederschrieben. Wie auch immer die Anlage des Parks so ideal gelingen konnte, sie beeindruckt. Ich besuche das Gartenreich, sooft es mir möglich ist. Hier wurden der Anmut und der Schönheit von Bäumen ein nachhaltiges Denkmal gesetzt, und niemand, davon bin ich überzeugt, kann sich der einmaligen Atmosphäre entziehen. Das spüren selbst Menschen, die sonst eher wenig Zugang zu Pflanzen haben.

### Die Stimme der Pflanzen

*Wir Pflanzen benötigen den für uns richtigen Standort und haben einen unterschiedlichen Bedarf an Licht, Temperaturen, Boden, Nährstoffen und Wasser, unseren Wachstumsfaktoren. Die im Garten vorhandenen Ressourcen müssen gut zu uns passen, denn sonst wachsen wir nicht optimal. Wir benötigen von allem die für uns richtige Menge, denn zu viel oder zu wenig schwächt uns, und wir bleiben klein oder werden krank. Nur wenn der Boden wirklich lebendig ist, können wir unsere Wirkung und unseren Geschmack voll entfalten. Jeder, der sich auf uns Pflanzen einlässt, kann auf den ersten Blick erkennen, ob der Standort in seinem Garten für uns günstig ist. Menschen, die uns Pflanzen gut versorgen, werden mit unserer Gesundheit und Schönheit belohnt.*

*Eure Gartenanlage ist dann gelungen, wenn alle Pflanzen in angemessenen Pflanzengesellschaften wachsen können. Wildpflanzen müssen sich ihren Platz im naturnahen Garten selbst erobern, dann geht es ihnen besonders gut. Eine Gartenanlage ist perfekt, wenn der Gärtner oder die Gärtnerin die Kreisläufe der Natur kennt und sie bei der Arbeit berücksichtigen kann.*

# DIE VISIONÄRIN HILDEGARD UND URBAN GARDENING

Die großen Landschaftsparks vergangener Zeiten faszinierten mich so sehr, dass ich mehr über die Geschichte des Pflanzenbaus wissen wollte. Der Kräuteranbau war dazu ein guter Einstieg, weil er zumindest im Ansatz in historischen Quellen belegt war.

## Hochbeete aus dem Mittelalter

Irgendwann fing ich an, Modelle von historischen Kräutergärten zu bauen, die die Entwicklung der Gartenarchitektur der letzten Jahrhunderte zeigten. Sie wurden mit den Heilkräutern der verschiedenen Epochen bepflanzt.

Die Modellreihe begann mit der Rekonstruktion eines Klostergartens aus dem Mittelalter. Er wurde nach einem alten Klosterplan errichtet, der einzigen Quelle für einen Kräutergarten aus dem Mittelalter, und bestand aus symmetrisch angeordneten Hochbeeten. Es war eine eher puristische Anlage, und die Kräuter wurden streng nach einer Pflanzenliste des Mittelalters ausgewählt. Interessant war, dass auf der Liste, die aus dem 8. Jahrhundert stammte, auch mediterrane Kräuter zu finden waren. Dieses Modell beherbergt heute etwa vierzig verschiedene Kräuter, und es ist davon ausgehen, dass es sich um die wichtigsten damals bekannten Heilpflanzen handelte.

Manche Kräuter beeindrucken allein durch ihre gewaltigen Ausmaße, aber ebenso durch ihre Schönheit.

Der Echte Alant (*Inula helenium*) zum Beispiel ist eine typische Sonnenpflanze. Die Staude wird bis zu 250 Zentimeter hoch, hat riesige Blätter und gelbe, duftende Blüten. Die Heimat des Korbblütlers ist Zentralasien, doch spätestens seit der Zeit Hildegards von Bingen ist Alant bei uns als Heilpflanze bekannt. Sie empfahl die Wurzel gegen Husten und Bronchitis und den Alant-Wein bei Magen- und Darmbeschwerden. Schon bald wurde der Wein als Wundermittel angesehen und gegen die Pest und bei Vergiftungen eingesetzt.

Der griechischen Mythologie zufolge entstand der Alant aus den Tränen der schönen Helena von Troja, als diese um Kanopus, den Steuermann ihres Schiffs, der durch tragische Umstände ums Leben kam, trauerte. Wegen dieser bedeutenden Stellung wird Alant auch als Zauberpflanze gesehen. Die goldgelben Blütenköpfe erinnerten an das strahlende Haupt des Sonnengotts Helios, weiterhin wurde sie als Wohnsitze für Elfen und Engel angesehen. Pflanzenteile wurden in Amuletten getragen und sollten vor dem Behexen schützen. Außerdem wurde die Staude als Schutz gegen Dämonen gepflanzt und galt als Symbol für Seelenreinigung.

Noch heute verwendet die Volksheilkunde Alant bei Husten, bei Infektionen der Harnwege, Hauterkrankungen, Wurmbefall und Menstruationsbeschwerden. Ein Tee aus Wurzeln oder Blättern ist ein Gurgelmittel bei Halsentzündungen und kann als Umschlag auf schlecht heilende Wunden aufgelegt werden. Doch Vorsicht: Das ätherische Öl des Alants hat allergieauslösende Eigenschaften und kann zu Schleimhautreizungen im Verdauungstrakt führen.

Der Liebstöckel (*Levisticum officinale*) nimmt manchmal beeindruckende Ausmaße an. Aus dem fleischigen Wurzelstock der riesigen Staude treiben zunächst aromatisch duftende Blätter und später aufrechte, bis 200 Zentimeter hohe Blütenstände mit blassgelben Blüten. Liebstöckel stammt aus Vorderasien, bei uns ist die Pflanze seit dem Mittelalter bekannt. Das Kraut gilt als klassische Pflanze der Klostergärten, und Hildegard von Bingen verordnete es bei Husten, Mandelentzündungen, Menstruationsbeschwerden oder bei Wassersucht. Sie empfahl, Blätter und Wurzeln unter die Speisen zu mischen.

Liebstöckel war einst eine alte Zauberpflanze gegen Unwetter und Dämonen. Wurzeln wurden in Amuletten getragen und sollten gegen Schlangenbisse und schwarzmagische Verwünschungen helfen. Liebstöckel gehörte auch in das Kräuterbüschel, das an Mariä Himmelfahrt in den Kirchen geweiht wurde. Außerdem galt es als Aphrodisiakum. Jungen Männern wurden Liebstöckelwurzeln in das Badewasser gegeben, um ihnen ein wärmendes, wohliges Gefühl zu vermitteln und sie so für die Liebe zu sensibilisieren. Junge Mädchen badeten in Liebstöckelwasser, um ihre Anziehungskraft auf Männer zu steigern. Liebestränke aus der frischen Wurzel galten als besonders anregend.

Die Volksheilkunde nutzt den Wurzeltee bis heute. Er wirkt beruhigend, schweißtreibend und krampflösend und ist der Verdauung förderlich. Weiterhin hilft er bei entzündlichen Erkrankungen der Harnwege, bei Verdauungsbeschwerden, Menstruationsstörungen und bei Husten (schleimlösendes Mittel). Vorsicht: Das Kraut hat schwach phototoxische Eigenschaften und kann in Verbindung mit Sonnenlicht Verbrennungen auf der Haut erzeugen. Liebstöckeltee soll nicht während der Schwangerschaft getrunken werden.

## Aromatherapie mit Dost und Kamille

Der Kräutergarten wurde immer populärer, mehr und mehr Besucher kamen. Die Menschen hatten ihre ganz eigenen Sichtweisen auf Kräuter und unterschieden zwischen Heilkräutern, Giftpflanzen, Küchenkräutern, Wildkräutern und Färberpflanzen. Viele von ihnen kannten Kräuter aus der Natur oder aus ihrem Garten, ohne dass sie über deren Anbau, Wirkung und Verwendung wirklich Bescheid wussten. Ganz klar: Das Kräuterthema war viel zu lange vernachlässigt worden, und mindestens eine Generation hatte den Kontakt zu diesen Pflanzen verloren.

Aber weil das Interesse an Kräuter- und Gartenthemen wuchs, gründete ich eine Kräuterschule, und das erste Angebot bestand aus einem «Grundkurs Kräuter». Am schönsten war es, gemeinsam zu arbeiten, und wir säten, pikierten und vermehrten Kräuter durch Stecklinge. Jeder Teilnehmer, jede Teilnehmerin bekam Kräuterjungpflanzen mit nach Hause und konnte einen ersten eigenen Garten anlegen. An einem anderen Termin ging es um Kräuterkunde und die Kräuterernte. Alle Pflanzen wurden vorgestellt, und es gab Anbautipps und Informationen, wie die Kräuter zu ernten waren. Wer die Kräuter später nutzen wollte, musste aber auch wissen, welche ihrer Teile besonders wirksam sind. Bei der Ernte von Blättern, Blüten, Früchten oder Wurzeln kommt es immer auf Jahres- und Tageszeiten an, genau wie auf den Standort des Krauts und das Wetter. In den Kursen wurde vermittelt, dass Kräuter zum Erntezeitpunkt der Blätter nicht blühen sollen und dass sie bei einer Blütenernte (etwa für ätherische Öle) voll aufgeblüht sein müssen. Früchte müssen geerntet werden, bevor sie ausfallen, und Wurzeln sind dann auszugraben, wenn das Kraut vollständig zurückgezogen ist. Doch dann tauchte die Frage auf: Wie wird konserviert? Die Antwort darauf: Kräuter werden getrocknet, eingefroren oder in Salz, Essig, Öl, Alkohol, Honig oder Zucker eingelegt.

Eines meiner Lieblingsthemen in der Kräuterschule war und ist die Verwendung von ätherischen Ölen. Sie duften unverwechselbar und sind im Rahmen der Aromatherapie ein fester Bestandteil der Alternativmedizin. Ätherische Öle sind natürliche Substanzen, die von Pflanzen gebildet und bei uns Menschen zur Behandlung von körperlichen und seelischen Beschwerden eingesetzt werden. Ihre Anwendungsmöglichkeiten sind vielfältig, sehr einfach durchzuführen und risikoarm. In Verbindung mit Wärme verdunsten ätherische Öle rückstandslos und hinterlassen einen intensiven Duft. Das ist genau der Grund, warum Kräutergärten an warmen Tagen so intensiv riechen.

In der Aromatherapie gelangen die ätherischen Öle über die Haut oder den Magen-Darm-Trakt in den Körper. Vor allem aber wirken sie durch ihren Duft. Die Duftreize bewirken in uns, genauer gesagt in unserem Gehirn, die Ausschüttung von Botenstoffen – chemischen Substanzen, die für die Übertragung von Informationen sorgen –, die schmerzlindernd agieren, Wohlbehagen erzeugen oder die Stimmung heben können. Ätherische Öle haben ein sehr breites Wirkungsspektrum. Bei Salbei, Teebaumöl oder Kamille wirken sie desinfizierend, und Eukalyptus und Minze helfen bei Erkältungen. Lavendel und Melisse können krampflösend sein, und Rose pflegt die Haut.

Großen Zuspruch findet immer der Gewöhnliche Dost (*Origanum vulgare*). Die mehrjährige Pflanze bildet Ausläufer und wird etwa 50 Zentimeter hoch. Sie hat dunkelgrüne Blätter und blüht im Sommer rosafarben oder weiß. Der Gattungsname Origanum stammt aus dem Altgriechischen und setzt sich zusammen aus den Wörtern *óros* (Berg) und *gános* (Schmuck). Er gibt Auskunft über die natürliche Verbreitung der Pflanze. Das auch unter Wilder Majoran oder Oregano bekannte Kraut ist in Europa, Asien und Nordafrika zu Hause.

Im Alten Ägypten war der Dost Osiris geweiht, dem Gott des Jenseits, der Wiedergeburt und des Nils. Er wurde den Toten beigegeben, um den Übergang in ein neues Leben abzusichern. Die Römer kannten diesen Brauch, pflanzten in Anlehnung daran Dost auf ihre Gräber. Griechische Priester nutzten die reinigende Energie des Dufts, während Ärzte die nervenstärkende Kraft der Pflanze hervorhoben. Theophrastos von Eresos, ein Schüler von Aristoteles und ein bedeutender Naturforscher, schrieb, Dost sei «in der Wirkung herrlich und für viele Zwecke, doch besonders für die niederkommenden Frauen dienlich». Weit verbreitet war auch die Verwendung des Dosts zur Herstellung von Liebessalben oder Liebestränken. Im Mittelalter galt Dost als unverzichtbare Heil- und Zauberpflanze. So schien es mit getrockneten Sträußchen möglich zu sein, Hexen abzuwehren und sich vor dem Teufel zu schützen. In mittelalterlichen Schriften wurde die beruhigende Wirkung des Dosts erwähnt, das Kraut wurde deshalb zum Ausgleich bei Erregungszuständen und bei psychischer Labilität empfohlen. Hildegard von Bingen kannte seine Anwendung als Badezusatz oder bei Hautkrankheiten.

Die Volksheilkunde verwendet Dost nach wie vor als Tee oder Tinktur bei Erkrankungen der Atemwege, Erkältungen, Grippe, Verdauungsbeschwerden oder zum Einleiten der Menstruation. Bei einer äußerlichen Anwendung wirkt der Tee oder das verdünnte Öl bei einer verstopften Nase. Das Öl hilft ebenso bei der Behandlung von Wunden, Hautkrankheiten und bei der Mundhygiene. *Origanum vulgare* wird in der Homöopathie bei Erkrankungen der männlichen Geschlechtsorgane sowie bei gesteigerter sexueller Erregbarkeit eingesetzt, und die Aromatherapie nutzt das ätherische Öl zur Entspannung.

Ein Schwergewicht unter den Heilkräutern ist der Eibisch (*Althaea officinalis*), er ist ein Malvengewächs. Eibisch ist eine 150 bis 200 Zentimeter hohe Staude, sie hat handförmige Blätter und blüht den ganzen Sommer. Älteste Funde stammen aus einem Neandertalergrab im heutigen Irak. Erste schriftliche Überlieferungen über den Eibisch und seine Verwendung als Heilkraut finden sich bei Theophrastos von Eresos, er wusste bereits im 4. vorchristlichen Jahrhundert, dass der Eibisch als Hustenmittel dienlich war, und Dioskurides erweiterte seinen Einsatz bei Nieren- und Magenleiden, empfahl ihn aber auch zum Schutz gegen den Biss wilder Tiere. Im römischen Kulturkreis war die Verwendung von Eibisch ebenfalls weit verbreitet. Die in Rom praktizierenden Ärzte Galenos (Galen) und Plinius dokumentierten die Verwendung von Eibischblättern und -wurzeln als unentbehrliches Heilkraut der Hebammen. Im Mittelalter wurde das Kraut in Klostergärten angebaut, und Hildegard von Bingen mischte es mit Essig, Wein oder Fett für vielerlei Anwendungen. Die Wurzeln wurden zu Pulver zerrieben und zu Pastillen gegen Halsentzündungen und Husten verarbeitet.

Eibisch ist bis heute unsere wichtigste Schleimdroge und wird bei Infekten der Atemwege und bei Magen-Darm-Beschwerden eingesetzt. Die Eibischwurzel ist Bestandteil von Teemischungen oder Sirup und hilft bei trockenem Reizhusten und entzündlichen Schleimhautreizungen. Äußerlich angewendet, wirkt Eibisch erweichend und hilft bei Verbrennungen, Hautentzündungen, Furunkeln und Abszessen.

Eine mystische Pflanze des Nordens ist die Engelwurz (*Angelica archangelica*). Sie stammt aus Skandinavien, wo sie bis heute eine Heil- und Gemüsepflanze ist. Die Engelwurz ist eine imposante zweijährige Pflanze, die im ersten Jahr nur Blätter treibt. Im zweiten Jahr werden ballförmige Blütenstände auf bis zu 250 Zentimeter hohen Stielen sichtbar. Nach dem Ausreifen der Früchte sät sich die Pflanze aus und stirbt ab.

Bei uns ist das Kraut aus Klostergärten bekannt. Der Legende nach brachte der für himmlische Heilung zuständige Erzengel Raphael einem Mönch die Engelwurz zur Heilung. Erste schriftliche Zeugnisse über ihre Verwendung als Heilpflanze findet sich im *Gothaer Arzneibuch* aus der Mitte des 14. Jahrhunderts. Dort wurde sie unter dem Namen «Heiligengeistkraut» beschrieben. Im Mittelalter war die Engelwurz Hauptbestandteil verschiedener Verjüngungselixiere und galt als Mittel gegen angezauberte Impotenz. Alle Pflanzenteile verströmen einen intensiven aromatischen Geruch, dem sogar eine gewisse Wirksamkeit gegen Pest nachgesagt wurde. Engelwurz wurde Bestandteil des berühmten Theriaks, eines Wundermittels, das im Mittelalter als Allheilmittel galt. Theriak bestand aus wenigstens sechzig verschiedenen Kräutern, Hauptbestandteile waren neben der Engelwurz Mohn, Baldrian und Möhrensamen. Auf der Basis dieses alten Wissens werden bis heute Schwedenkräuter (Bitterspirituosen) angesetzt.

Die Volksheilkunde verwendet die Wurzeln noch immer als Bestandteil von Teemischungen gegen Magen- und Darm-Störungen. Das ätherische Öl wird für Kreislaufbäder benutzt und ist Bestandteil von Einreibemitteln gegen rheumatische Beschwerden. Vorsicht im Umgang mit der Pflanze: Phototoxische Substanzen in ihr können in Wechselwirkung mit Sonnenlicht Verbrennungen auf der Haut erzeugen!

Das Echte Lungenkraut (*Pulmonaria officinalis*) ist eine mehrjährige Waldpflanze und in ganz Europa verbreitet. Es wird bis zu 40 Zentimeter hoch, hat kleine violette und rosafarbene Blüten und fällt besonders durch seine Blätter auf, deren Form an die menschliche Lunge erinnert. Das Lungenkraut ist ein klassischer Frühlingsblüher unserer Laubwälder und zieht sich bald nach der Blüte zurück.

Dieses Blattgewächs ist ein relativ modernes Heilkraut. Erste Erwähnung finden sich in den Schriften von Hildegard von Bingen. Sie nannte die Pflanze Lungwurz und nutzte sie zur Behandlung von schweren Lungenerkrankungen. Den Durchbruch als Heilpflanze verdankt das Lungenkraut der Signaturenlehre nach Paracelsus, einer alten Heilkunde, die auf der Entdeckung der Zeichen der Natur basiert (siehe auch S. 105). Die weißen Flecken der Grundblätter ähneln denen menschlicher Lungenflügel.

In der Pflanzensymbolik zählte das Lungenkraut zu den Marienpflanzen. Der Legende nach sollen die weißen Flecken auf den Grundblättern entstanden sein, als Marias Muttermilch beim Stillen des Jesuskindes auf die Blätter tropfte.

In der Volksheilkunde wird das Lungenkraut immer noch als Heilmittel der Atmungsorgane verwendet.

Es war jedes Mal schön zu erleben, wie allein der Aufenthalt in einem Kräutergarten auf die Menschen wirkte. Egal in welchem mentalen Zustand die Kursteilnehmer und -teilnehmerinnen auch kamen, nach wenigen Minuten im Garten waren alle wach, aufmerksam und entspannt. Beste Voraussetzung also, um über biologischen und nachhaltigen Pflanzenbau zu sprechen und natürlich mit Pflanzen zu arbeiten. Und langsam begann ein jeder, einige Botschaften der Pflanzen zu verstehen.

## Intensives Gärtnern ist fast überall möglich

Wer konsequent handeln möchte, kann seinen Garten nach Prinzipien der Permakultur organisieren. Permakultur bedeutet aber nicht nur, biologisch zu gärtnern, es geht bei diesem nachhaltigen und permanenten Konzept darum, sämtliche Ökosysteme und Kreisläufe zu beobachten, und das schließt auch die Lebensbereiche von uns Menschen mit ein. Speziell im Garten versteht man unter Permakultur eine Kreislaufwirtschaft, bei der mit einfachsten Mitteln positive Standortfaktoren gestärkt und negative minimiert werden. Alle Ressourcen werden mehrfach genutzt, und biologische Anbaumethoden sorgen für ausreichend hohe Erträge. Permakultur-Gärtner versuchen, ihren Garten in ein robustes Ökosystem zu verwandeln, das dauerhaft produktiv bleibt.

Die wichtigsten Prinzipien der Permakultur sind klar definiert: Es wird auf die Kreisläufe der Natur geachtet, und man greift nur ein, wenn es wirklich notwendig erscheint. Dabei wird ein hoher Grad an Selbstversorgung angestrebt – und das bei einem möglichst geringen Aufwand an Rohstoffen und Zeit. Abfall wird weitestgehend vermieden, organische Stoffe werden in den Nährstoffkreislauf zurückgegeben. Mit Wasser und Energie wird so schonend wie möglich umgegangen. So wächst im Permakultur-Garten eine große Vielfalt an Wildpflanzen, die Bienen und anderen Nützlingen als Nahrung dienen. Zum Düngen und für den Pflanzenschutz werden Pflanzenjauchen verwendet. Mit Gartenabfällen wird gemulcht – oder sie werden kompostiert und bleiben so den Kreisläufen im Garten erhalten. Es wird eigenes Saatgut gewonnen, und das Gießen wird durch geschicktes Pflanzen und eine Bodenpflege minimiert. Ein Permakultur-Garten versorgt den Menschen, aber es wird ebenso an andere Lebewesen gedacht. Die Philosophie der Permakultur ist für mich die Königsklasse im Garten, denn sie beschäftigt sich mit nachhaltiger Energieversorgung und einem fairen Umgang mit allen Lebewesen.

## Urban Gardening – oder der Großstadtgärtner

Hochaktuell ist zurzeit das Urban Gardening. Überall tun sich Menschen zusammen, um gemeinsam zu gärtnern. Nicht nur in Metropolen wie New York, London oder Berlin existieren zahlreiche Gartenprojekte, sondern mittlerweile gibt es sie in fast jeder größeren Stadt. Jedes Jahr kommen neue Gemeinschaftsgärten dazu, auf brachliegenden Grundstücken, Dächern oder in Hinterhöfen. Häufig werden Kräuter und Gemüse in Kisten oder Hochbeeten angebaut. So können selbst gepflasterte Flächen zum Gärtnern genutzt werden, und die Beete sind zu einem gewissen Grad mobil. Durch das Anbauen in Hochbeeten werden auch die an vielen Orten mit Schadstoffen belasteten Böden nicht zur Gefahr.

Als ich vor Jahren auf dem Tempelhofer Feld mitten in Berlin eine Gemeinschaftsgartenanlage besuchte, wurde mir bewusst, wohin der nächste Schritt meiner Reise gehen sollte. Ich sah fröhliche Menschen, die viel Spaß daran hatten, in der Gemeinschaft zu gärtnern. In der ganzen Stadt entstanden größere und kleinere Anlagen, die genau diesem Zweck dienten. Auf den ersten Blick hatten sie wenig mit herkömmlichen Gärten zu tun, denn sie wurden fast immer mit ausrangierten Materialien gestaltet. Überflüssige Möbel, altes Bauholz, Kisten und Europaletten wurden in Hochbeete verwandelt und mit Gemüse, Kräutern und Blumen bepflanzt.

Neu war nicht nur die Idee des Upcyclings im Garten, sondern auch der soziale Gedanke. In der Gruppe machte die Arbeit eben viel mehr Freude, und die Ernte wurde untereinander geteilt. Selbstverständnis der Bewegung war und ist es, Pflanzen in die Stadt zu holen, Kommunikationsräume zu schaffen und eine alternative Kultur zu etablieren.

Ich besuchte einige Projekte, bot meine Kräuter- und Gartenworkshops an, und oft war es genau das, was dort fehlte. Viele der Akteure hatten wenig Erfahrung im Gärtnern und freuten sich über praktische Tipps. In einigen Projekten taten wir uns zusammen, und es begann eine interessante Zeit des gemeinsamen Lernens.

Alle wollten achtsam und nachhaltig wirtschaften und benutzten gebrauchte Joghurtbecher, Blechdosen und Eierkartons als Blumentöpfe. Die Erde war torffrei und stammte aus der Region. Es wurden alte Gemüsesorten angebaut, und die Ernten waren reich. Größere Gartenprojekte richteten Küchen ein und verkauften dort warme Mahlzeiten. Das wiederum zog noch mehr Menschen an, die in den Projekten mitarbeiten wollten. Die meisten von ihnen nahmen Pflanzen und die Umweltbildung sehr ernst und wollten ihren Lebensraum lebendiger gestalten. Es war eine Freude zu beobachten, dass das Interesse an Pflanzen auch in den Städten wuchs. Scheinbar hatten es die Pflanzen geschafft, Menschen für sie zu interessieren und sich neue Lebensräume zu erschließen!

### Die Stimme der Pflanzen

*Wir Pflanzen wachsen dort, wo ihr Menschen lebt, und wir haben schon immer für eure Ernährung gesorgt. Ihr nutzt uns ganz selbstverständlich als Getreide, Obst, Gemüse und als Gewürz. Viele Kräuter haben starke Aromen und haben sich in euren Gerichten längst etabliert. Kräuter sind voller Wirkstoffe, die euch Menschen helfen, und Kräutergärten tun euch einfach gut. Vielleicht versteht ihr langsam, dass wir Pflanzen mehr sind als das, was ihr sehen, riechen, schmecken oder fühlen könnt.*

*Wir Pflanzen liefern Mulchmaterialien, Kompost und Gründünger, um die Fruchtbarkeit der Böden zu verbessern. Nutzt also biologische Anbauverfahren, denn sie schützen uns, die Böden, die Ressourcen und das Klima. Kräuter senden euch als Zeigerpflanzen Botschaften zur Bodenqualität und können als Stärkungsmittel, Pflanzenschutzmittel oder als Dünger eingesetzt werden.*

*Permakultur ist die Königsdisziplin, denn sie ist konsequent in Kreisläufen organisiert. Sie sorgt für genügend Nahrung und gesunden Lebensraum. Wir Pflanzen besiedeln eure Städte, eure Urban-Gardening-Projekte helfen uns dabei. Mit diesen Gärten schafft ihr für euch soziale Räume und für uns einen abwechslungsreichen Lebensraum.*

# GANZ NATÜRLICHE LEBENS-RHYTHMEN

Das Ahnen wurde von Jahr zu Jahr größer, darüber, dass Pflanzen viel mehr Geheimnisse hüten, als wir auf den ersten Blick wahrnehmen können. Außerdem spürte ich eine ständig stärkere Verbindung zu diesen Wesen. Mein Beruf wurde zur Berufung – und doch zog es mich immer wieder in die Ferne.

### Ein Test für die Sinne

Weil ich einen Großteil meines Lebens in der Natur verbrachte, war mein Drang nach Freiheit wohl besonders groß. Und Freiheit kann man am besten auf Reisen erfahren. Als sechzehnjähriger Schüler kam ich oft an einem Reisebüro vorbei, und im Schaufenster hing ein Plakat, auf dem ein altes Haus, Olivenbäume, ein weißer Strand und ein türkisblaues Meer zu sehen waren. Darüber stand «Greece», sonst nichts. Das Plakat strahlte für mich das perfekte Gefühl von Freiheit aus, und für viele Jahre war es für mich mit Griechenland verknüpft.

Griechenland wurde zu meinem Sehnsuchtsort. Nachdem ich in den Osterferien gearbeitet und Geld verdient hatte, besorgte ich mir im Sommer ein Interrail-Ticket. Das Reiseziel war mir relativ egal, es musste einfach nur losgehen. In München stieg ich in einen Zug nach Athen, und das große Abenteuer begann. Der Zug war voller Menschen, und es gab nicht für alle Sitzplätze. Viele Reisende standen in Gruppen auf dem Gang. Mir machte es nichts aus, zu den Stehenden zu gehören, so konnte ich neue Kontakte knüpften. Die Fahrt dauerte viele Stunden, genauer gesagt zwei Tage und eine Nacht. Geschlafen wurde im Sitzen auf dem Fußboden, und gegessen wurde kaum. Jemand hatte einen Gaskocher dabei und kochte morgens für uns Kaffee.

Es war ein tolles Gefühl, nur mit einem Rucksack ausgestattet auf dem Weg in den Süden zu sein. Ich tat mich mit anderen zusammen, die schon eine Idee hatten, wohin sie reisen wollten. Wir fuhren zu der griechischen Insel Thassos, um an einem Strand zu kampieren. Als wir endlich von einer Straße aus auf den Strand blickten, kam ich aus dem Staunen nicht mehr raus. Ich entdeckte ein altes Haus, Olivenbäume, einen weißen Strand und das türkisblaue Meer. Ganz und gar unglaublich, es war der Ort meiner Sehnsucht, den ich auf dem Plakat gesehen hatte.

Das Leben am Strand war herrlich, Menschen kamen und gingen. Es wurde gemeinsam Essen organisiert, gebadet, gespielt, am Lagerfeuer Wein getrunken und Musik gemacht. Für mich gab es nicht Schöneres, als nachts im Schlafsack zu liegen, in die Sterne zu schauen, das Meer zu hören und den noch warmen Sand zu spüren. Außerdem machten mich die wunderbaren Pflanzen am Mittelmeer glücklich. Die alten Olivenbäume und die vielen Kräuter hatten es mir besonders angetan. Die Olivenbäume hatten sehr dicke Stämme und mussten mehrere Jahrhunderte alt sein. Sie standen auf Wiesen mit aromatischen Kräutern, die ich bis dahin noch nie in der Natur gesehen hatte. Ich begann, im Schatten der Bäume Kräuter zu sammeln und zum Strand mitzunehmen. Häufig genug bestand die Hauptmahlzeit aus Weißbrot und Tomaten, da kamen die

Kräuter gerade recht. Wir alle lebten spartanisch und sparten unser Geld, denn wir wollten so lange wie möglich an diesem Ort bleiben.

Am liebsten mochte ich Rosmarin. Rosmarin (*Rosmarinus officinalis*) ist ein immergrüner kleiner Strauch mit ledrigen, fast nadelförmigen Blättern und blassblauen Blüten. Seine Heimat ist der westliche Mittelmeerraum, er wurde schon früh bis Kleinasien verbreitet und galt im Altertum als heilige Pflanze. Der Name *Rosmarinus* stammt aus dem Lateinischen und bedeutet etwa «Tau, der zum Meer gehört». Segler auf dem Mittelmeer sollen schon die Nähe des Landes gerochen haben, wenn der Wind den Duft dieser Pflanzen aufs Wasser trug. In unseren Breiten wurde Rosmarin erstmals in mittelalterlichen Klostergärten angebaut, er galt als eines der wichtigsten verdauungsfördernden Gewürze. Außerdem wurde das Kraut als Abtreibungsmittel verwendet.

Im Altertum wurde Rosmarin als Zier- und Räucherpflanze angesehen und ersetzte den teuren Weihrauch. Man sagte, sein Duft habe selbst zürnende Götter versöhnt, weshalb ihre Statuen mit Rosmarinkränzen geschmückt wurden. Mit dem aufkommenden Christentum wurde der Rosmarinzweig wichtiger Altarschmuck und später auch Tafelschmuck bei größeren Festlichkeiten. Man sprach dem Rosmarin sehr unterschiedliche Bedeutungen zu. Zum einen wurde er Verstorbenen auf das Grab gelegt, als Symbol einer Hoffnung auf Wiederkehr. Außerdem war die Pflanze Fruchtbarkeitssymbol und Bestandteil des Brautschmucks. Der Braut wurde ein Rosmarinkranz aufgesetzt, dessen Zweige nach der Vermählung als Orakelpflanze in den Garten gesteckt wurden. Wurzelten sie, galt das als Hinweis für eine solide Ehe. Die immergrünen Zweige waren Sinnbild für Beständigkeit, Fruchtbarkeit der Frau und die ewig grünende Liebe.

In der Pflanzenheilkunde ist Rosmarin noch heute bedeutsam. Er wirkt blutdrucksteigernd, kreislaufstimulierend, verdauungsfördernd und ist Bestandteil von appetitanregenden Teemischungen. Das ätherische Öl wird zu schmerzstillenden Einreibungen und zu Badezusatz verarbeitet. Es gilt auch als Mittel gegen Ohnmachtsanfälle, Migräne und Kopfschmerzen. Vorsicht: Das Berühren der Pflanze kann Kontaktallergien auslösen, und Rosmarinöl darf nicht während der Schwangerschaft angewendet werden!

Ein wunderbares Kraut war für mich in Griechenland weiterhin der Echte Salbei (*Salvia officinalis*). Wohl kein anderes Kraut wurde über Jahrtausende als Heilpflanze so sehr geschätzt wie Salbei. Der Gattungsname Salvia wurde aus dem lateinischen Wort *salvare* abgeleitet und bedeutet «heilen». Der Echte Salbei ist ein Halbstrauch und stammt auch ursprünglich aus dem Mittelmeerraum. Er hat filzige, graugrüne Blätter und violett-blaue Blüten. Große Ärzte der Antike wie Hippokrates, Plinius oder Dioskurides schätzten die Pflanze wegen ihrer blutstillenden, menstruationsfördernden und harntreibenden Wirkung. Für die Römer war der Salbei ein Geschenk der Götter und galt als Allheilmittel. Sie waren es wohl, die den Salbei nach Mitteleuropa brachten.

Salbei durfte in keinem Klostergarten des Mittelalters fehlen und galt dort ebenfalls als Universalheilmittel. Hildegard von Bingen nutzte die Pflanze zur Desinfektion des Mundraums, gegen Kopfschmerzen und Schlaflosigkeit. Hieronymus Bock, ein Botaniker und Arzt aus der Pfalz, sprach vom Salbei ehrfürchtig als «heilige Ratgeberin der Natur». Salbei wurde ebenso für kosmetische Zwecke genutzt, denn der Tee ist geeignet, um Haare schwarz zu färben. Das schützte so manch rothaarige Frau vor dem Ruf, eine Hexe zu sein. Salbeiblätter waren über Jahrhunderte ein Mittel zur Zahnpflege. Die Zähne wurden mit den rauen Blättern abgerieben, und das dabei austretende Salbeiöl wirkte desinfizierend.

Natürlich wurde solch einer Pflanze auch magische Wirkung zugeschrieben. Seinen betörenden Duft soll das Kraut angeblich von der Göttin Aphrodite erhalten haben. Griechische Philosophieschüler kauten Salbeiblätter zur Erlangung von Weisheit und Erkenntnis sowie zur Erfrischung des Geistes. Salbei sollte vor Fieber und Dämonen schützen und unterstützte den Liebeszauber. In England und Frankreich glaubte man, durch ihn könne man unsterblich werden.

Heute wird Salbeitee bei Durchfall, Blähungen und erhöhtem Nachtschweiß getrunken. Er ist ein Gurgelmittel bei Zahnfleischbluten, Rachen- und Mundschleimhautentzündungen, Salbei wirkt zudem bei Erkältungen oder Entzündungen im Magen-Darm-Bereich. Doch Vorsicht: Salbeitee ist nicht für den Dauergebrauch geeignet.

Außerdem fand ich auf der Insel massenhaft Echten Thymian (*Thymus vulgaris*). Thymian ist ein immergrüner Halbstrauch, der im Mittelmeerraum beheimatet ist. Er bildet Polster, hat kleine, duftende Blätter und lila-rosafarbene bis weiße Blüten. Sein Name leitet sich vom griechischen Wort *thymos* ab und heißt so viel wie «Mut», «Kraft» oder «Stärke».

Das aromatische Kraut wurde bald zum Symbol für Tapferkeit, Assyrer und Babylonier betrieben Anbau und Handel damit. Die Ägypter nutzten die Pflanze, um Leichenharze zu parfümieren. Griechen und Römern war die Heilkraft des Thymians bekannt. Dioskurides empfahl ihn bei Asthma und Husten und zur Förderung der Menstruation. Bei einer äußerlichen Anwendung sollte er bei Hämorrhoiden, Warzen und Ödemen helfen. Kräuterkundige Benediktinermönche führten den Echten Thymian in Mitteleuropa ein und bauten ihn in Klostergärten an. Hildegard von Bingen meinte, Thymian stärke die Abwehrkräfte. Schon bald wurde das Kraut als «Antibiotikum für arme Leute» bezeichnet. Es wurde ihm eine stimulierende und Mut machende Wirkung nachgesagt, auch galt der Thymian als Rauschmittel und starkes Aphrodisiakum.

Thymian besaß der griechischen Mythologie zufolge magische Kräfte, er wurde zum Räuchern in Tempeln verwendet, um so die Umgebung atmosphärisch zu reinigen. Außerdem half er, übersinnliche Kräfte zu entwickeln. Vor Schlachten wurden Kriegern Thymianbäder verordnet, um sie zu stärken. Auch in der nordischen Mythologie spielte die Pflanze eine große Rolle, denn sie war der Muttergöttin Freya geweiht. Es ist jedoch davon auszugehen, dass hier der einheimische Quendel gemeint war, der kleinere Bruder des Thymians. Im Volksglauben ist das Kraut ebenfalls fest verankert. Zum Schutz von Haus und Hof wurden Kräutersträuße mit Thymian aufgehängt. Ritter trugen duftende Thymiansträuße am Körper, wenn sie in den Kampf zogen. Zum Abschied reichten sie ihren Geliebten einen Zweig, um ihre Liebe auszudrücken und in guter Erinnerung zu bleiben.

Heute wird Thymian wegen seiner appetitanregenden, krampflösenden, verdauungsfördernden und desinfizierenden Wirkung geschätzt. Er ist Gewürz, Hustenmittel, Bestandteil von Erkältungstees, Mundwässern, Salben und Badezusätzen.

### Leben im Wald

Weil ich Griechenland und seine Pflanzen mochte, verbrachte ich dort oft meine Ferien. Die Anziehungskraft des Landes war gewaltig. Bald hatte ich viele neue Freunde gefunden, mit denen ich einige Sommer an dem besagten Strand verbrachte. Ich liebte das Leben in der Natur. Aber nach und nach zog der Massentourismus in Griechenland ein, es wurden Hotels gebaut, und die Strände waren von Jahr zu Jahr belebter. Rucksacktouristen waren nun weniger erwünscht, und diese neue Situation wurde abends am Lagerfeuer diskutiert. Einige Griechen, die aus Athen und Thessaloniki kamen, berichteten von Inseln und Orten, die weniger stark frequentiert waren, weil sie nicht so attraktive Strände hatten.

Ein Bericht machte mich besonders neugierig, so sagte einer: «Es gibt hier in der Nähe eine kleine Insel namens Samothraki mit einem 1600 Meter hohen Berg. Der Gipfel liegt häufig in Wolken versteckt, die dort oben abregnen. Das Wasser fließt in kleinen Flüssen vom Berg und sorgt dafür, dass die Insel für die Region ungewöhnlich grün ist. Die Flussbetten haben teilweise ein so starkes Gefälle, dass es viele Wasserfälle und kleine Canyons gibt. Am Fuße des Berges wachsen an fast jedem Fluss uralte Platanenwälder, deren Böden von riesigen Farnen besiedelt sind. Im Schutz der Bäume könnte man schlafen und so den Sommer dort verbringen.»

Die Stadt-Griechen fuhren am nächsten Tag auf diese Insel, und ich beschloss, ihnen bald zu folgen. Bei meiner Ankunft war ich von der Schönheit und Ausstrahlung des Waldes vollkommen überwältigt. Ich traf meine Freunde und fühlte mich in ihrem Camp sofort zu Hause. Es gab riesige Bäume, die mehrere Jahrhunderte alt waren. Unter fast jedem Baum konnte man, wie es erzählt worden war, seinen Schlafsack ausrollen. Die Griechen zeigten mir einen der schönsten Plätze, und ich baute mir aus Farnwedeln ein weiches Lager. Aus der Ferne waren unsere Schlafstätten im hohen Farnwald kaum zu erkennen, und wir konnten im Schutz der Platanen wunderbar schlafen.

Damals wusste ich noch nicht, dass Platanen Bäume mit einer starken Symbolik waren. Sie werden sehr alt und wachsen zu imponierender Größe heran. Mit ihren fünflappigen Blättern symbolisieren sie die Muttergöttin und mit ihren phallusförmigen Zapfen den Gott Zeus. Die Griechen hatten die Platane Helena von Troja geweiht, und der Legende nach feierten Zeus und Europa unter den laubreichen Bäumen Hochzeit. In Athen lehrte Sokrates unter Platanen Philosophie. In der Pflanzensymbolik standen sie für Fruchtbarkeit, Gelehrsamkeit und Genialität, Einstimmung auf höhere Verbindungen, Nächstenliebe, Schutz und Kühlung.

Das Leben im Wald war anders als am Strand. Abends wurde zwar auch über einem Feuer gekocht, auch wurde danach bei Wein musiziert, es wurden interessante Geschichten erzählt und Pläne für den nächsten Tag gemacht. Doch im Wald zu leben war etwas ganz Besonders, und jeder konnte es spüren. Die Natur gab den Lebensrhythmus vor: Bei Sonnenaufgang wurde Feuer entfacht, und es gab den ersten Kaffee. Nach dem Frühstück sammelten wir Holz, anschließend tat jeder das, wozu er Lust hatte: Schwimmen, Fischen oder Wandern. Abends trafen wir uns wieder. Manchmal stand ein Besuch in einer nahe gelegenen Taverne an. Die alte Wirtin war für alle die Mama und fragte uns nach unseren Lieblingsspeisen, meist war es Moussaka.

Nachts lag jeder für sich unter einem Baum und konnte durch das Blätterdach in den Sternenhimmel schauen. An diesem magischen Ort waren die Mondphasen deutlich zu spüren. Bei Vollmond waren die meisten Freunde etwas unruhig und blieben häufig die Nacht über am Feuer sitzen. Der Neumond hingegen sorgte für einen tiefen Schlaf.

Als ich zum ersten Mal auf die Insel kam, blieb ich den ganzen Sommer. Ich spürte schon bei meinem Ankommen, dass dieser Ort mir etwas sagen wollte, und ich musste ihn genau kennenlernen. Dabei ging es mir nicht darum, jeden Winkel der Insel zu erkunden. Viel wichtiger war es, im Wald zu leben und die Erde darunter zu spüren. Die Bäume waren ein großartiger

Schutz, denn sie hüllten mich fast vollständig ein. Tagsüber gaben sie Schatten und sorgten selbst an heißen Tagen für angenehme Temperaturen und wunderbares Licht. Wenn es ausnahmsweise einmal regnete, hielt das Blätterdach der Bäume die meisten Schlafplätze trocken.

Wir alle wollten Teil der Natur sein und außer den Feuerstellen keine Spuren im Wald hinterlassen. Aus diesem Grund organisierten wir unser Leben nachhaltig und vermieden jeglichen Müll. In Gruben, die später sorgfältig verschlossen wurden, verrichteten wir unsere Notdurft. Trinkwasser kam aus dem Bach, und duschen war nicht notwendig. Schließlich gingen wir jeden Tag zum Baden in einem Becken mit einem Wasserfall – und auf Seife und Shampoo konnten wir gut verzichten.

Natürlich blieben wir nicht immer den ganzen Tag im Wald. Der Weg zu den Flüssen und Becken führte über Ziegenpfade durch baumlose Macchien. Macchien bestehen aus immergrünem Hartlaubgebüsch und sind typisch für den Mittelmeerraum. Sie sind trocken und heiß und damit der perfekte Standort für aromatische Kräuter. Wir verwendeten sie zum Kochen, tranken sie auch als Tee, denn alle waren extrem aromatisch. Aber es gab noch einen anderen Grund, Kräuter zu sammeln. Wir experimentierten gern mit ihrem Rauch. Getrocknete Kräuter wurden in die Glut des Lagerfeuers gegeben, und wir atmeten die würzigen Aromen ein. Es zeigte sich, dass wir auf die verschiedenen Düfte unterschiedlich reagierten. Auf mich wirkten einige anregend, andere beruhigend, manche stärkten mich, und andere machten mich müde. Zum ersten Mal erlebte ich, dass Kräuter auch wirksam sind, wenn sie nicht gegessen oder als Heilmittel zubereitet werden.

Spätestens jetzt wurde ich endgültig zum Kräuterfan. Ab sofort wurden jeden Tag Kräuter gesammelt und in den Bäumen getrocknet, und es dauerte nicht lange, bis wir genug für ein spezielles Ritual gesammelt hatten. Unter den Freunden gab es Fans nordamerikanischer Ureinwohner und ihrer Rituale, und sie hatten die Idee, eine Schwitzhütte zu bauen. Eine tolle Idee, denn der Sommer neigte sich dem Ende entgegen, und abends wurde es manchmal empfindlich kühl. Die Schwitzhütte wurde in Form eines Tipis mit abgestorbenen Ästen errichtet. Jemand von uns organsierte eine dicke Plane, die um die Äste gelegt wurde. Das Tipi wiederum wurde mit trockenen Farnwedeln umwickelt und so wärmeisoliert. Unweit des Eingangs wurde eine große Feuerstelle angelegt, die als Wärmequelle diente.

Die Schwitzhütte funktionierte gut und wurde fast an jedem Tag für Schwitzkuren und Reinigungsrituale genutzt. Als Vorbereitung wurde ein großes Feuer entfacht, und es wurden große Steine in die Feuerstelle gerollt. Die Steine mussten richtig heiß werden, am besten glühen, daher musste das Feuer viele Stunden lang brennen. Irgendwann wurden die heißen Steine in die Schwitzhütte gerollt und heizten diese stark auf. Dann hockten sich einige von uns ins Tipi, andere hüteten das Feuer, um weitere Steine zu erhitzen. Wir hatten wunderbare Schwitzkuren mit Kräuteraufgüssen, die die Luft befeuchteten und herrlich dufteten. Die Rituale stärkten uns, und es schien, als brachten sie bei jedem von uns Körper, Geist und Seele in Einklang. Während des ganzen Vorgangs wurde geschwiegen, und am Ende fühlten sich alle wie neu geboren. Zum Abschluss der Zeremonie wurde dem Wald und den Kräutern gedankt.

Die Schwitzhütte war eine großartige Erfahrung, die mich für immer mit Kräutern verband. Erst später erfuhr ich, dass es schon immer Räucherrituale mit Pflanzen gab. Sinn und Zweck dieser war und ist es, sich zu stärken, Krankheiten (Dämonen) zu vertreiben und/oder die Seele zu reinigen. Genau das hatten wir erlebt und auch eine andere Botschaft der Pflanzen verstanden: Nehmt euch Zeit und öffnet eure Sinne, dann könnt ihr unsere Botschaften verstehen!

Die Kräuterwelt war faszinierend, und ich lernte auch einige für mich exotische Arten kennen, darunter Andorn (*Marrubium vulgare*). Andorn, ein typischer Halbstrauch, ist im Mittelmeerraum weit verbreitet. Bei uns ist er in Gärten, an Wegen, Mauern und auf Schutt zu finden. Die wintergrüne Pflanze wird bis 60 Zentimeter hoch, hat runzelige, graugrüne Blätter und blüht im Sommer. Der lateinische Name *Marrubium* stammt wohl aus dem Hebräischen, das Wort *marrob* bedeutet so viel wie «bitterer Saft», und ein solcher wurde ursprünglich zum jüdischen Pessachfest zubereitet. Die Ägypter verwendeten das Heilkraut gegen Erkrankungen der Atemwege. Dioskurides wiederum empfahl Andorn vor allem bei Husten und Asthma, beschrieb aber auch eine Wirkung bei Ohrenschmerzen, Vergiftungen, Wunden und Geschwüren. Ähnlich wurde Andorn in der Klosterheilkunde verwendet.

Weil man angenommen hatte, bitterer Andorntee kläre Geist und Sinne, wurde die Pflanze im Volksglauben als Symbol für Reinigung, Schutz und Bitternis angesehen. Für die Kelten war Andorn ein Schutzkraut zum Vertreiben von Dämonen, auch verwendete man es zum Räuchern. Es wurde genutzt, um die Tore in die Anderswelt zu öffnen, bösen Zauber abzuwehren und die Menschen vor negativen Energien abzuschirmen. Die antiken Ägypter kannten Andorn als Zauberpflanze und gingen davon aus, die Pflanze könne Kinder vor Gefahren bewahren.

Auch wenn Andorn heute seine Bedeutung als Heilpflanze weitgehend verloren hat, wird er in der heutigen Volksheilkunde noch als Mittel gegen Appetitlosigkeit sowie bei Reizmagen und Verdauungsbeschwerden genannt. Der Tee wirkt schleimlösend bei Entzündungen der Atemwege, und bei einer äußerlichen Anwendung soll er bei Hautausschlägen und Geschwüren gar ein Wundermittel sein.

Mindestens genauso faszinierend fand ich die extrem aromatische Eberraute (*Artemisia abrotanum*). Die Eberraute ist in Südeuropa zu Hause. Der wintergrüne Halbstrauch wird bis 150 Zentimeter hoch und hat feine, graugrüne Blätter, die intensiv duften.

Dioskurides empfahl, den Samen mit Öl zu vermischen, so hätte man ein Wärme erzeugendes Mittel gegen Schüttelfrost. Ein anderer Rat war, den Samen zu zerkleinern und als Brühe gekocht gegen Kurzatmigkeit, Krämpfe, Brüche und Hüftbeschwerden oder in Wasser oder Öl eingelegt als Umschlag bei Geschwüren zu verwenden. Bei uns wird die Eberraute seit dem 9. Jahrhundert in Kloster- und Bauerngärten angebaut. Hildegard von Bingen stellte aus dem Kraut einen Saft her, der bei Grind, Beulen und Geschwüren getrunken werden sollte. Eingesetzt wurde es auch als Mittel gegen Schwindsucht und gegen die Pest.

Im antiken Griechenland war die Eberraute der Göttin Diana geweiht, der Schützerin der Gebärenden. In alten Pflanzensagen wurde von der beruhigenden Wirkung des Krauts berichtet, auch von einer Verwendung zur Behandlung von Verletzungen durch Pfeilspitzen. Der Volksglauben kennt Eberraute als Aphrodisiakum, und Duftkränze aus ihr haben eine lange Tradition.

Heute ist die Eberraute als Heilmittel nahezu in Vergessenheit geraten. Die Volksheilkunde nutzt die Pflanze gelegentlich als Bittermittel zur Anregung des Appetits sowie gegen Fadenwürmer bei Kindern. Homöopathische Anwendungsgebiete sind Drüsenschwellungen, Erschöpfungszustände, Abmagerung und Entzündungen.

Die Weinraute (*Ruta graveolens*) war nicht minder spannend. Sie ist ein mediterraner Halbstrauch mit intensiv duftenden Blättern. Im Juni erscheinen gelbe Blüten, die später attraktive Fruchtstände bilden.

In der Antike wurde das Kraut gesammelt und als Gewürz und gegen zahlreiche Krankheiten eingesetzt. Als Heilmittel sollte die Weinraute bei Ohrenschmerzen ebenso helfen wie bei Wurmbefall oder Vergiftungen. Dioskurides beschrieb das Kraut als Mittel, Männer impotent und Frauen unfruchtbar zu machen. Bei uns wurde die Pflanze im Mittelalter bekannt und in Klostergärten angebaut. Mönche, die ihr Keuschheitsgebot halten wollten, tranken Rautenwein zur Unterdrückung ihrer Triebe. Als Heilmittel wurde das Kraut ebenfalls bei Ohrenschmerzen, Wurmbefall oder Vergiftungen eingesetzt. Die Weinraute galt auch als wirksamer Schutz gegen die Pest. Berühmt wurde sie als Bestandteil des Pestessigs, das Desinfektionsmittel unserer Vorfahren. Wüteten Pestepidemien, sollte die Tinktur vor Ansteckung schützen. Dies ist wohl der Grund, warum die Pflanze über viele Jahrhunderte in jedem Haus- und Kräutergarten angebaut wurde.

Als Heilpflanze hat die Weinraute kaum noch Bedeutung. In der Küche ist sie ein sehr intensives Gewürz, das nur sehr sparsam verwendet werden darf. Vorsicht: Frische Pflanzenteile wirken phototoxisch. Das Berühren der Laubblätter kann in Kombination mit Sonnenlicht heftiges Hautjucken und Ausschlag hervorrufen.

Mein absoluter Liebling unter den Kräutern wurde der Ysop (*Hyssopus officinalis*). Ysop ist ein kleiner Halbstrauch mit wintergrünen, unterseits punktierten Blättern und blauen Blüten. Die Pflanze duftet herrlich und ist ein Magnet für Bienen und Schmetterlinge.

Bei den Griechen und Römern hatte Ysop einen hohen Stellenwert als Heilpflanze. Er wurde zum Würzen von Weinen verwendet und schien ein wirksames Heilmittel gegen Husten, Entzündungen und Magenbeschwerden zu sein. Bei uns tauchte Ysop erstmals in den Klostergärten des Mittelalters auf.

Sein Name geht auf das alte hebräische Wort *ezob* zurück und bedeutet so viel wie «heiliges, entsühnendes Kraut». In der Tat wurden Ysop-Zweige in jüdischen und christlichen Riten als Wedel zum Sprengen von Weihwasser oder dem Blut der Opfertiere benutzt. So ist Ysop bis heute ein Symbol für Reinigung und Bußfertigkeit, Demut und Läuterung. Der Legende nach soll Jesus Christus vor der Kreuzigung ein Schwamm mit Essig auf einem Ysop-Stängel gereicht worden sein.

Als Heilpflanze ist der Ysop fast vergessen. Die Volksheilkunde verwendet einen Tee aus seinen Blättern noch gelegentlich bei Erkältungskrankheiten, Verdauungsbeschwerden und bei Entzündungen im Mund- und Rachenraum. Breiumschläge aus frisch gequetschten Blättern werden zur Linderung von rheumatischen Beschwerden eingesetzt. Ysop ist heute vorwiegend als Gewürz- und als Bienenfutterpflanze bekannt.

### Zwei Männer und das Meer

Auch das die Insel Samothraki umgebende Meer weckte meinen Entdeckergeist, denn vom Berg aus konnte ich erkennen, dass die Küsten viel mehr zu bieten hatten als die steinigen Strände in der Nähe des Waldes, in dem wir wohnten. Felsen, Buchten und in der Mitte eine hohe Abbruchkante warteten darauf, erforscht zu werden. In mir keimte der Wunsch auf, die Südküste der Insel näher zu erkunden. Doch dorthin führten weder Wege noch Straßen, es ging nur über das Meer. Ein seetüchtiges Boot hatte niemand, und deshalb schmiedeten ein Freund und ich einen tollkühnen Plan: Wir wollten die Südküste umschwimmen und auf dem Weg jede einzelne Bucht aufsuchen. Der Plan war einfach und doch riskant, denn wir fanden niemanden, der das schon mal gemacht hatte. Aber das hielt uns nicht von unserem Vorhaben ab. Wir besorgten uns Schwimmflossen und ein Schlauchboot, in das wir etwas Proviant, Wasser und die Schlafsäcke deponierten. Zur Vorbereitung der Reise fuhren wir mit einem Ausflugsschiff um die Insel. So konnten wir zumindest aus größerer Entfernung erkennen, was uns an der Südküste erwartete.

Das Abenteuer begann an einem schwarzen Sandstrand, an dem wir öfter gewesen waren. Begrenzt wurde er von hohen Felsen, und hier startete unsere Reise. Wir schwammen los, das Boot mit einem Tau an einem Bein festgebunden. Auf der anderen Seite der Felsformation lag die nächste Bucht, und so ging es weiter und weiter. Auf unserem Weg zählten wir mehr als zehn Buchten, bevor die hohe Abbruchkante kam. Interessant war, dass die Sandkörner von Bucht zu Bucht größer wurden. Der letzte Strand vor der Abbruchkante bestand dann aus schwarzem Geröll.

Bis dahin war unsere Schwimmtour relativ unkompliziert verlaufen, denn meist erreichten wir die nächste Bucht nach maximal ein bis zwei Stunden schwimmen (das Boot war zu klein, um sich auszuruhen). An der Abbruchkante war das anders. Sie war sehr lang und mehrere hundert Meter hoch. Auf der Kante wuchsen Eichenwälder, und in der Mitte der Steilwand ergoss sich ein Wasserfall ins Meer. Wir brauchten einige Stunden, um die nächste Bucht zu erreichen, auch bedingt durch die Meeresströmungen.

Am Ende dieser Etappe war ich heilfroh, dass meine Kräfte gerade noch ausreichten, um mich aus dem Wasser zu ziehen. Gestrandet waren wir in einer Bucht, in der der Strand nicht schwarz wie auf der anderen Seite war, sondern weiß. Nach einer längeren Pause setzten wir unsere Reise fort. Das Geröll wurde von Bucht zu Buch wieder feiner, bis die letzte Bucht ein weißer Sandstrand war. Erneut durchschwammen wir zehn oder sogar mehr Buchten, bevor wir an einem Strand mit einer Taverne landeten.

Erst nach vielen Tagen und Nächten hatten wir äußerst zufrieden unser waghalsiges Unternehmen beendet. Wir hatten uns auf die Natur eingelassen und waren mit großartigen Eindrücken belohnt worden. Hatten Felsen, Buschland und Wälder gesehen, die gelegentlich von Ziegenpfaden durchzogen waren (Ziegen lebten hier wild). An einigen Stellen entdeckten wir Ruinen und fragten uns, warum es sie genau dort gab. Schon ab dem zweiten Tag gab es Begleitschutz, denn einige Delfine schwammen mit uns. Es schien, als würden die Tiere auf uns aufpassen, denn sie verabschiedeten sich abends schnatternd und waren am nächsten Tag wieder da. Die Nächte in den Buchten waren grandios gewesen. Die Einsamkeit, das Meer und die Sterne hatten sie zu einem besonderen Erlebnis werden lassen. Wir aßen selbst gefangenen Fisch und schliefen am Feuer. Besonders beeindruckend war der Tag an der Abbruchkante gewesen, denn so etwas Schönes hatten wir noch nie gesehen. Das Meer war tiefblau, und der Felsen stieg senkrecht daraus empor. Ganz oben schemenhaft die Wälder, dann der riesige Wasserfall.

Auf dieser Tour hatte ich gleich mehrere Lektionen für mein Leben gelernt, vielleicht sogar eine zentrale Botschaft der Natur: Sei neugierig und gehe die Welt entdecken. Hab Vertrauen, und für dich ist gesorgt!

### Die Botschaften der Bäume

Am Ende des langen Sommers kündigte sich der Herbst durch Unwetter an. Schutz suchten wir oft in einem Baum, sein dicker Stamm war innen hohl und bot mehreren Personen mitsamt Gepäck Unterschlupf. Als sich die Unwetter häuften und auch stärker wurden, musste im Wald einiges umorganisiert werden. Viele der Schlafplätze lagen in einer Senke, die im

Sommer ein trockenes Flussbett war. Ich staunte nicht schlecht, als ich einmal Zuflucht in dem hohlen Baum suchte und sich das trockene Flussbett direkt daneben ziemlich rasant in einen reißenden Fluss verwandelte. Regen war auf der Insel immer dramatisch, denn die kleinen Bäche verwandelten sich nahezu in Sekunden in schnell dahinfließende Flüsse. Der Grund war der hohe Berg, der Fengari, an dem sich die Wolken ergiebig abregneten. Einmal beobachtete ich, was passierte, als das Flussbett nicht schnell genug geräumt wurde. Der plötzlich anschwellende Wasserlauf riss Rucksäcke, Schlafsäcke und auch Zelte mit sich und schwemmte sie bis ans nahe Meer.

Die Saison im Wald war beendet. Jetzt hieß es, Abschied zu nehmen. Viele der Freunde fuhren nach Hause, einige reisten weiter in den Süden, um als Erntehelfer in den Olivenplantagen zu arbeiten, wieder andere wollten nach Indien oder Südostasien, in die ewige Wärme. Für mich ging es ebenfalls heim, denn ich wollte Geld verdienen, um im nächsten Sommer nach Griechenland zurückzukehren.

Im Wald hatte ich viele Erfahrungen sammeln können, die mich für immer prägen sollten. Die wichtigste: In der Natur hatten wir uns wohlgefühlt. Sie hatte uns beschützt und uns ein Zuhause gegeben. Die alten Bäume strahlten Ruhe und Frieden aus und zogen uns, die im Wald Schlafenden, in ihren Bann. Nach einiger Zeit standen unsere Seelen offen. Wir konnten ein tieferes Verständnis füreinander entwickeln, und viele der damals im Wald geknüpften Freundschaften halten bis heute.

Der Wald war so mächtig gewesen, er veränderte uns Bewohner grundlegend. Wir glaubten, ein Gespür für die wesentlichen Dinge im Leben entwickelt zu haben. Schon bald war mir jeder Baum und jeder Pfad durch das unebene Gelände vertraut. So hatte ich mich auch nachts bei Neumond gut orientieren können. Neben den Pflanzen hatte ich die Tiere des

Waldes kennengelernt. Wir hatten Schlangen, Skorpione, Erdkröten und Schildkröten gesehen. Einige der Schlangen waren giftig, die Skorpione nicht weniger. Wir hatten lernen müssen, die Angst vor den Tieren abzulegen, was auch gelang, denn sie hatten es nicht darauf abgesehen, uns Menschen vorsätzlich zu schaden. Wir hatten zwei Regeln formuliert, die dafür gesorgt hatten, dass niemand durch Schlangen oder Skorpione gefährdet wurde. Die erste: Beim Wandern mit den Füßen stark aufstampfen. Durch die Vibrationen im Boden konnten Schlangen rechtzeitig flüchten. Das klappte fast immer, denn ich hatte in der ganzen Zeit nur von einem einzigen Schlangenbiss gehört. Offenbar war jemand mit seinem Fuß nah an eine Felsspalte getreten, in der sich eine Schlange gesonnt hatte. Sie konnte nicht flüchten – und biss aus diesem Grund zu. Der Gebissene hatte Glück gehabt, denn es hatte sich um eine ungiftige Schlangenart gehandelt.

Die Skorpione verhielten sich ganz ähnlich, denn auch sie flüchteten vor Menschen, wenn sie konnten. Aus diesem Grund – Regel Nummer zwei – hatten wir die Schlafsäcke abends vor dem Schlafengehen geöffnet und ausgeschüttelt. So konnten wir sicher sein, dass sich kein Tier darin verkrochen hatte. Manchmal hatten uns Erdkröten besucht, beim ersten Mal hatte ich mich noch heftig erschrocken, als einmal eine über meinen Schlafsack spazierte. Allerdings hatte sie sich wenig um mich gekümmert, denn sie hüpfte einfach weiter. Wer keinen Krötenbesuch mochte, hatte seinen Schlafplatz abseits der Krötenwanderwege eingerichtet. Scheinbar hatten auch diese Tiere eine Botschaft für uns: Respektiert und achtet uns und unsere Bedürfnisse, dann können wir gut zusammenleben!

Und die Bäume hatten ebenfalls eine Botschaft: Immer wenn ich von unten in eine Baumkrone geschaut hatte, hatte ich nach kurzer Zeit meine Umgebung vergessen und hatte zu träumen begonnen. War ich nach einiger Zeit wieder aufgestanden, hatte ich mich zentriert und voller Kraft gefühlt. Die Bäume hatten mir zu verstehen gegeben: Hör auf zu denken und lass dich auf uns ein. So bekommst du viele Antworten auf deine Fragen!

## Kraftort Samothraki

Ohne es damals gewusst zu haben, hatte ich monatelang an einem wirkmächtigen Ort gelebt. Erst viele Jahre später beschäftigte ich mich näher mit der Insel und verstand, dass das Leben dort die Weichen für mich neu gestellt hatte.

Samothraki in der Nördlichen Ägäis war für die Griechen schon von alters her von besonderer Bedeutung, denn die Insel war Teil der griechischen Mythologie. Schon der Meeresgott Poseidon soll laut dem Dichter Homer vom Berg Fengari die Schlacht um Troja beobachtet haben. Außerdem hatte Samothraki eine Anlage, in der Mysterienkulte erlebbar wurden, die in ihrer Bedeutung mit Eleusis, Ephesos oder Delphi gleichgestellt waren. Es handelte sich um einen großen Tempel, dem «Heiligtum der Großen Götter», in dem der Kult der Kabiren zelebriert wurde. Kabiren waren Gottheiten, die im antiken Griechenland hauptsächlich in der Nordägäis verehrt wurden, neben den olympischen Göttern. Die Riten dieses Kults wurden vor Außenstehenden geheim gehalten, Ziel war ein Bewusstseinswandel durch eine direkte göttliche Erfahrung.

Kein Wunder, dass genau auf dieser Insel intensive Begegnungen mit der Natur und den Pflanzen möglich waren. Seit dieser Zeit üben kraftvolle Orte eine immense Anziehung auf mich aus. Der Aufenthalt auf der Insel hatte mich so sensibilisiert, dass ich besondere Plätze später sofort spüren konnte, wenn ich sie betrat. Das wurde mir klar, als ich einige Jahre später nach Ägypten reiste und die Grabkammer der größten

Pyramide von Gizeh besuchte. In ihr begann mein Körper zu vibrieren, es fühlte sich an, als hätte ich an eine starke Batterie angefasst. Orte dieser Art konnte ich körperlich spüren, wenn ich bereit war, es zuzulassen!

### Die Stimme der Pflanzen

*Hör auf dein Gefühl und verfolge deinen Weg, dann wirst du reich vom Leben beschenkt. Sei neugierig, gehe die Welt entdecken. Hab Vertrauen, und für dich ist gesorgt! Die Natur gibt deinen Lebensrhythmus vor. Sei achtsam und folge ihm, wann immer du kannst. In der Natur bist du geborgen und sicher, gerade wir Bäume strahlen Frieden aus. Der Aufenthalt im Wald öffnet deine Sinne und schenkt dir innere Ruhe. Wir Bäume bieten Schutzräume, und wir erweitern deinen Blick für das Wesentliche und schenken dir Inspiration. Meditationen helfen dir, deine Sinne zu öffnen und dich mit Pflanzen zu verbinden. Offene Sinne und Toleranz ermöglichen tiefe Verbindungen auch zwischen Menschen, Freundschaften können entstehen. Tiere senden ebenfalls eine Botschaft: Achtet und respektiert uns, dann können wir gut zusammenleben!*

# PLÄNE FÜR TIER, PFLANZE UND MENSCH

Das Leben auf der Insel brachte neben Gärten und Pflanzen noch einen anderen Aspekt in mein Dasein. Ich spürte schon lange, dass Wälder, Gärten oder komplexe Ökosysteme weit mehr waren, als wir mit unserer Intelligenz erfassen konnten.

### Der Garten der Zisterzienser

Spätestens auf meinen Reisen hatte ich die spirituelle Komponente von Orten und Pflanzen entdeckt. Ich stellte Fragen über das Leben und bekam die besten Antworten aus der Natur.

Nach einigen Jahren im Arzneipflanzengarten hatte ich die Vision, den Garten des nahen Zisterzienserklosters Riddagshausen zu rekonstruieren. In meinen Augen verfügte es über ausreichend Flächen für die Anlage eines großen Kräuter-, Gemüse- und Obstgartens. Mein Ziel war es, einen historischen Nutzgarten innerhalb der Klostermauern anzulegen, denn ich wusste, die Anlage war ein Besuchermagnet. Welcher Ort konnte besser geeignet sein als ein Kloster, um Menschen für Pflanzen zu sensibilisieren?

Ich las eine Vielzahl historischer Berichte, die mehr oder

weniger genau beschrieben, wie in einem Kloster Acker- oder Gartenbau am besten zu betreiben seien. Einige von ihnen ähnelten den Anbauverfahren heutiger Biogärtner. Da gab es eine Dreifelderwirtschaft, Mischkulturen, Gründünger, Mulchen, organische Düngung, Hochbeete, Kompost, Wasser sparende Pflanzenkulturen, künstliche Bewässerung, Saatgutgewinnung und viele andere Dinge mehr. All das war also nicht neu, sondern eine Wiederentdeckung von Techniken aus vergangener Zeit. Eigentlich logisch, denn unsere Vorfahren mussten immer mit dem ausgekommen, was die Natur ihnen schenkte.

Als die Klöster entstanden, wurde schon seit einigen Jahrtausenden Ackerbau und Viehzucht betrieben. Die Menschen arbeiteten mit den Kreisläufen der Natur, sie hatten auch keine andere Wahl. Synthetische Dünge- und Pflanzenschutzmittel wurden erst mit fortschreitender Industrialisierung ab Mitte des 19. Jahrhunderts entwickelt. Vorher war es selbstverständlich, den Boden gut zu pflegen, um ihn fruchtbar zu halten und so an die nächste Generation zu übergeben. Gärten und Äckern durfte nur so viel entnommen werden, wie ihnen später zurückgegeben werden konnte. Die Menschen mussten lernen, mit Wetterumschwüngen und Klimawandel umzugehen, was ihnen scheinbar gelang. Und doch gab es häufig Hungersnöte, verbunden mit Epidemien.

Die Zisterzienser waren ein Orden, der sich, ausgehend vom Mutterkloster Cîteaux in der französischen Region Burgund, schnell verbreitete und bald große Teile Europas besiedelte. Überall entstanden große Klosteranlagen, die teilweise über riesige Ländereien auch außerhalb der Mauern verfügten. Der Orden wurde gegen Ende des 11. Jahrhunderts gegründet und konnte sich bis weit über das Mittelalter hinaus behaupten. Ihr Erfolg hatte sicher damit zu tun gehabt, dass sich die Zisterzienser strikt an alte Ordensregeln hielten und in Askese lebten (die Benediktiner, die seit dem 6. Jahrhundert viele Klöster gegründet hatten, waren ihnen nicht mehr demütig genug, sondern zu sehr auf Reichtum und Prunk aus). So wollten sie nicht auf die Abgaben von abhängigen Bauern angewiesen sein, weshalb sie die schwere Arbeit lieber selbst verrichteten. Um Unabhängigkeit zu erreichen, schufen sie die Institution der Konversen oder Laienmönche. Sie wurden, anders als die Priestermönche, von den zahlreichen Gebetsverpflichtungen entbunden und hatten mehr Zeit für die Arbeit auf den Feldern. Auf die Leitung des Ordens nahmen sie aber keinerlei Einfluss.

Die Konversen konnten dadurch auch an entfernten Orten tätig sein und auf den Äckern beten. So war es möglich, dass Zisterzienserklöster Grangien betrieben. Das waren Wirtschaftshöfe, die teilweise weit entfernt von den Klöstern lagen. Dort konnten neben den Laienmönchen auch Lohnarbeiter beschäftigt werden. Auf diese Weise war die Versorgung aller Mönche gesichert.

Die Zisterzienser agierten gewinnbringend, aber nicht nur im Ackerbau. Viele Klöster besaßen große Wälder und betrieben Bergbau oder Fischzucht. Bald wurden Überschüsse erwirtschaftet, von der auch die Bevölkerung aus der Umgebung profitierten. Das war sicher nur möglich, weil die Mönche offensichtlich mit der Natur arbeiteten. Eine Bestätigung für diese These erhielt ich, als ich einmal das Kloster Cîteaux im Burgund besuchte. Dort sah ich eine Ausstellung über den Landbau der Zisterzienser. Ihre Methoden wurden sehr detailliert beschrieben, doch es fehlten Hinweise darauf, woher die Ideen stammten. Hatten die Zisterzienser eine besondere Beziehung zu der Erde und ihren Pflanzen?

Der Orden hatte sich auf die anfänglichen Regeln der Benediktiner besonnen. «*Ora et labora*. Bete und arbeite!» war die wichtigste. Andere Regeln bestimmten Liturgien und Instrumente der guten Werke, Gottesliebe und Nächstenliebe. Meine Interpretation dieser Regeln: Tätigkeit, Einkehr, Demut und

Achtung vor allem Leben können ein Schlüssel zur Erkenntnis sein. Nur durch Erkenntnis, das ahnte ich, konnte im Mittelalter ein derart erfolgreicher Landbau betrieben werden. Vielleicht war das die Antwort auf viele meiner Fragen.

Ich besuchte jedenfalls das Kloster Riddagshausen sehr oft, entwarf unermüdlich Skizzen und stellte sie dem Orden vor. Nach einigen Jahren bekam ich schließlich den Auftrag, den Garten zu planen und die Bauleitung zu übernehmen. Zuerst mussten die zugewiesenen Flächen hergerichtet und Wege angelegt werden. Schnell war klar, auf was für einem wertvollen Boden die Anlage entstand. Auf den Flächen war über Jahrhunderte nachhaltiger Gartenbau betrieben worden, und das hatte die Erde fruchtbar gemacht.

Nach und nach entstanden Obstwiesen, ein Gemüse- und ein Kräutergarten, wobei ich in diesem Projekt meine über lange Zeit gesammelten Erfahrungen im Pflanzenbau einbringen konnte. Ich wusste, dass ein so großer Garten ausgewogen angelegt werden musste, um Besucher für ihn zu interessieren. Er durfte kein Fremdkörper in seiner Umgebung sein, er musste mit der umliegenden Landschaft und mit den Gebäuden harmonieren. Die Reaktionen der ersten Besucher zeigten, dass das gelungen war. Ihr Feedback: «Ich wusste nicht, dass der Garten neu angelegt wurde. Auf mich wirkt er, als wäre er schon immer da gewesen!»

### Alte Heilerkompetenz

Zur Planung des Klostergartens hatte ich mich mit der Geschichte der Nutzpflanzen beschäftigt. Offenbar wurde mit der Ausbreitung des Christentums in Europa ein völlig neues Pflanzenkapitel aufgeschlagen. Im Mittelalter wurden überhaupt zahlreiche Klöster gegründet, und die meisten von ihnen hatten Gärten. Angebaut wurden Obst, Gemüse und Heilkräuter, um die Bewohner zu versorgen. In dieser Zeit entstanden in den Klöstern erste Hospitäler, und die Heilkunde bekam einen großen Schub.

Etwas Entscheidendes änderte sich in dieser Zeit. Zuvor waren Heilkräuter vor allem von weisen Frauen gesammelt und erfolgreich eingesetzt worden. Sie gaben ihr Wissen und ihre Erfahrungen mündlich an ihre Töchter weiter und legten so den Grundstein für unsere Volksheilkunde. Das änderte sich erst, als, ausgehend von der römisch-katholischen Kirche, im Mittelalter die dunkle Zeit der Inquisition begann. Unerbittlich und grausam wurden Andersdenkende verhört, gefoltert und, wenn als notwendig erachtet, auf dem Scheiterhaufen verbrannt. Dieses Schicksal teilten viele der weisen Frauen, denn sie galten als Hexen. Mit ihnen verbrannten auch große Teile ihrer Erfahrungsheilkunde.

Durch dieses grausame Tun wurde die Heilerkompetenz Klöstern mit ihren Kräutergärten zugeschrieben. Erste Impulse erhielten die Mönche und Nonnen aus ihren Stammklöstern im Mittelmeerraum. Die Heilkräuter und die anderen Nutzpflanzen des Südens wurden in den Norden gebracht und in Klostergärten gepflanzt. Seit dieser Zeit gibt es Lavendel, Thymian, Ysop oder Rosmarin auch in unseren Gärten. Außerdem verfügten die Klöster über Abschriften von Kräuterbüchern aus der Antike. Die Originale stammten von griechischen und römischen Ärzten, und die Klosterheiler konnten von deren Erkenntnissen profitieren. Mittelmeerkräuter und Kräuterbücher waren völlig neu bei uns, sie revolutionierten die Volksheilkunde. Der Erfolg der Hospitäler hatte sicher auch mit den Schreibstuben der Klöster zu tun. Dort wurde studiert und die Kräuterheilkunde dokumentiert. Was für ein Schatz! Noch heute profitieren wir davon.

Auch wenn es nicht mehr viele Klöster gibt, spielen sie in

meinem Gärtnerleben dennoch eine sehr große Rolle, insbesondere zogen mich die alten Nutzpflanzen in ihren Bann, und ich wollte immer schon die überlieferten Gartentechniken testen. Bei Planung meines Klostergartens hielt ich mich eng an historische Quellen. Leider war nirgends in Erfahrung zu bringen, wie die Anlage in Riddagshausen im Mittelalter wirklich aussah und wie sie bewirtschaftet wurde. Das war auch nicht wirklich zu erwarten, denn die ersten Klostergärten waren ja reine Nutzgärten. Eine spezielle Gartenarchitektur entwickelte sich erst viel später, in der Renaissance- und Barockzeit folgten Klostergärten dann auch den neuesten Trends.

So orientierte ich mich bei der Planung des Gartens in Riddagshausen am St. Gallener Klosterplan, der frühesten Darstellung eines Klosterbezirks aus dem Mittelalter. Gut möglich, dass dieser als Generalplan für den Bau vieler Klöster benutzt wurde. Er enthält neben Gebäuden auch Gärten für Obst, Gemüse und Kräuter. Für die Bepflanzung bediente ich mich einer berühmten Pflanzenliste Karls des Großen, das *Capitulare de villis*.

### Robustes und regionales Obst

Die Obstgärten in den Klöstern waren eine echte Innovation, denn in Mitteleuropa gab es bis zum Mittelalter nur Wildobst, und das konnte überall gesammelt werden. Das änderte sich erst, als Mönche die Obstbaumveredelung einführten. Sie hatten diese Technik nicht erfunden, sie wurde schon in der Antike von arabischen Gelehrten übernommen.

Obstbaumveredelung bedeutet letztlich nichts anderes, als Bäume aus mindestens zwei verschiedenen Pflanzenteilen zusammenzusetzen. Aus der Pflanzenzucht weiß man, dass es möglich ist, verschiedene Pflanzen zu kreuzen, sodass neue Sorten mit anderen Eigenschaften entstehen. Doch häufig sind diese weder sortenecht noch robust. Sortenecht bedeutet, dass eine Pflanze durch ihr eigenes Saatgut vermehrt werden kann, ohne dass sich ihr Charakter in der folgenden Generation verändert. Bei unserem Kulturobst ist das nicht der Fall, das wusste ich aus früheren Experimenten. Immer wenn ich Obstbäume aus Kernen gezogen hatte, hatten diese zwar Früchte getragen, doch sie hatten völlig andere Eigenschaften als die, aus denen ich die Samen gewonnen hatte.

Das wussten wohl auch die arabischen Gelehrten vor rund 2500 Jahren und kamen auf die Idee, Zweige der Bäume von beliebten Obstsorten auf die für den Boden geeignete Unterlagen zu pfropfen. Sie wuchsen rasch an und wurden von den Wurzeln der Unterlagen mit Wasser und Nährstoffen versorgt. Der Gedanke war charmant und erfolgreich, denn so entstand die Möglichkeit, Tausende von Obstsorten durch Kreuzungen zu züchten, ohne dass man sich Gedanken um die Vitalität der Bäume machen musste.

Dank dieser Technik konnten viele Obstsorten weit verbreitet werden. Doch neben der Sortenvielfalt brachte die Obstbaumveredelung noch einen anderen Vorteil. Über die Unterlagen wurde es möglich, spätere Baumformen zu bestimmen. So gibt es heute Hoch- und Halbstämme, Buschbäume und Spalierobst, alles Baumformen, die zuerst in den Klöstern gepflanzt wurden.

Für die Planung unseres Gartens war das sehr praktisch, denn auf diese Weise konnten die jeweiligen Flächen mit unterschiedlichen Obstbäumen versehen werden. Auf kleine Flächen kam Buschobst, auf größere wurden Hoch- oder Halbstämme gesetzt und an warme Mauern Spalierobst. Die Bäume wurden in großen Abständen in die Erde gepflanzt und können sich dort seit vielen Jahren entwickeln. Als Unterpflanzung wurden Wildwiesen gewählt, so entstanden kleine Streuobstwiesen, die im Mai und Juni besonders attraktiv sind.

Für die Anlage von Obstgärten mögen Baumformen entscheidend sein, für den Nutzer kommt es mehr auf die richtigen Sorten an. In den alten Pflanzenlisten waren Obstbäume zu finden, und es war klar, dass im Mittelalter Äpfel, Birnen, Kirschen, Zwetschen, Misteln, Quitten und ihre Verwandten angebaut wurden. Sortenverzeichnisse suchte ich vergebens. Ich sprach mit Pomologen, also Obstbaumkundigen, und wir recherchierten historische Sorten der Region, um diese im Garten anzubauen. Das war ein schwieriges Unterfangen, denn auch wenn wir schließlich Sorten identifiziert hatten, war lange noch nicht klar, ob und wo diese zu erhalten waren. Wir hatten Glück, denn einige Baumschulen in der Umgebung hatten sich auf den Erhalt alter Obstsorten spezialisiert, so konnten wir interessante Sorten erwerben und pflanzen.

Nach einigen Jahren wurde das erste Obst geerntet, und wir waren überrascht, wie vielfältig unser Sortiment war und wie aromatisch fast alle Früchte schmeckten. Das im Garten geerntete Obst hatte nicht viel mit dem gemein, was wir im Supermarkt kaufen konnten.

Die Apfelvielfalt war besonders interessant. Einige Äpfel waren süß, andere sauer, manche konnten gut gelagert, andere mussten sofort verzehrt oder weiterverarbeitet werden. Ich lernte Kläräpfel, Mostäpfel, Musäpfel, Lageräpfel und diverse Sorten Tafeläpfel kennen. Das war beachtlich, besonders wenn man bedenkt, dass heute kaum jemand mehr als vier Apfelsorten benennen kann. Es war schön zu sehen, dass wir diesen Obstbäumen einen neuen Lebensraum geschenkt hatten – und auf jeden Fall war es wichtig, dass so viele Sorten wie möglich erhalten blieben, das war und ist weiterhin ein großer Beitrag für den Erhalt von genetischen Ressourcen. Wir wissen nie, wofür wir die über Jahrhunderte gezüchtete Diversität noch einmal nutzen können oder müssen.

Die regionalen Sorten, so realisierte ich, waren besonders

robust und trugen gesunde Früchte. Auch Aroma, Geschmack und Nährwerte alter hiesiger Obstsorten waren sehr vielfältig. Sie schienen die Menschen in der Region am besten zu ernähren. Anfangs war dieser Gedanke nicht sehr populär, doch mittlerweile hat sich das geändert.

Die Wiesen unter den Bäumen wurden über die Jahre immer artenreicher. Es sind besondere Pflanzengesellschaften, denn sie unterstützen den Boden, ernähren Insekten und bereiten den Betrachtern viel Freude. Die Gras- und Wiesenblumen besiedeln die Flächen je nach Boden und Klima. Ist der Boden nährstoffreich und feucht, setzen sich Gräser durch, ist er sandig, kalkhaltig und trocken, gibt es mehr Wiesenblumen. Alle Pflanzen konkurrieren um dieselbe Fläche, um wachsen zu können und über ihr Saatgut viele Nachkommen zu erzeugen.

Schon kleinste Veränderungen des Bodens, etwa durch das Ausbringen von Sand, Dünger oder Kompost, auch ein veränderter Wasserhaushalt, bedingen abweichende Standortbedingungen. Das Artenspektrum verändert sich. Und genau das sollte unser Ziel sein, nämlich die Pflanzendiversität so weit wie möglich zu erhöhen. So wird wiederum Lebensraum für verschiedene Tiere geschaffen. Wiesen sind ein außerordentlich wichtiger Beitrag gegen die mittlerweile besorgniserregenden Ausmaße des Artensterbens in unserer Zeit – und sie haben noch einen enormen Vorteil: Sie machen wenig Arbeit, denn sie werden nicht gedüngt und nur zweimal im Jahr gemäht. Die extensive Bewirtschaftung sorgt dafür, dass der Boden nicht ermüdet und Insekten Unterschlupf und Nahrung finden.

Im Sommer, wenn sich die Blumen ausgesät haben, werden die Wiesen gemäht, und wir können so Heu ernten. Heu ist wichtiges Tierfutter, und Heublumen werden zudem in der Naturheilkunde verwendet. Sie haben muskelentspannende und durchblutungsfördernde Wirkung und können als Badezusatz helfen, viele Beschwerden zu lindern.

Die Pflanzen einer einzigen Obstwiese leisten Wertvolles für Mensch und Tier. Sie haben unseren allergrößten Respekt verdient! Beim genauen Betrachten einer Wiese können wir erahnen, dass alles Leben auf der Erde zusammenhängt. Wir stehen als Mensch nicht über der Natur, sondern müssen uns als Teil des Ganzen sehen. Schaffen wir es, uns wieder mehr in die natürlichen Kreisläufe einzuordnen, sähe die Welt besser aus!

### Mystik im Gemüsegarten

Neben den Obstwiesen hatte ich einen Gemüsegarten geplant. Auch hier bot der St. Gallener Klosterplan Anregungen. Ich hatte einige Erfahrungen im Gemüseanbau, doch für die Planung eines Abtgartens gab es noch viel zu lernen.

Für den Abtgarten hatte ich achtzehn Hochbeete vorgesehen, die in einer doppelten Reihe von je neun Beeten aufgebaut werden sollten. Diese Anordnung hatte mit Zahlenmystik zu tun, die aus frühen kulturreligiösen und naturphilosophischen Überlieferungen bekannt ist. Heute ist uns in diesem Zusammenhang meist nur noch die Zahl Dreizehn geläufig, für viele ist sie eine Zahl des Unheils, für manche aber auch eine Glückszahl. Die Zwölf war in nicht wenigen alten Kulturen eine kosmische Zahl. Tag und Nacht haben bei Frühlings- und Herbstanfang zwölf Stunden, und das Jahr hat zwölf Monate. Zwölf war die Zahl der Vollkommenheit, und in der christlichen Religion steht sie für die zwölf Stämme Israels und die zwölf Jünger, zudem symbolisiert sie die Einheit von Gott und der Welt.

Für die Anlage unseres Abtgartens waren die Zahlen Eins, Zwei, Drei und Neun relevant. Die Eins ist die Zahl des Einen und weist auf Unteilbarkeit hin. Sie ist aber auch Symbol der Individualität und Sinnbild für den aufrecht stehenden Menschen. Die Zwei ist die Zahl der Verdopplung und des Gleichgewichts. Sie veranschaulicht die Verbindung von zwei Menschen und gilt als erste weibliche Zahl. Zugleich ist die Zwei Ausdruck der Vereinigung von Gegensätzen, der Erneuerung und Fortpflanzung, aber auch die Zahl von Trennung, Zwietracht und Gegensatz. Jegliche Dualität trägt die Ambivalenz von Gut und Böse in sich, und auch andere Gegensätze finden wir überall: Licht und Schatten, männlich und weiblich, Tag und Nacht, Himmel und Erde und so weiter. Die Drei ist die Summe der Zahlen Eins und Zwei und gilt als Zahl einer höheren Einheit. Die Drei charakterisiert das Umfassende (Vater, Mutter, Kind), die Vermittlung (These, Antithese, Synthese) sowie das Himmlische (Vater, Sohn, Heiliger Geist), sie ist vollkommen, denn sie ist die Zahl des ganzen Menschen (Körper, Geist, Seele); und es gilt: «Aller guten Dinge sind drei.» Es fehlt noch die Neun, sie ist das Ergebnis von drei mal drei. Die Neun ist die Zahl für das Himmlische oder Heilige und für das göttliche Bewusstsein.

Unser Gemüsegarten bestand nun also aus zwei Reihen à neun Hochbeeten. Sie wurden mit Zweigen, Laub, Kompost und Mutterboden gefüllt, um dem Gemüse einen lebendigen und gesunden Lebensraum zu bieten. Und auch für die Planung der Gemüsekulturen holte ich mir Anregungen aus der Pflanzenliste Karls des Großen, denn sie verdeutlich die Ernährungsgewohnheiten im Mittelalter. Meist wurden damals Linsen, Erbsen, Pastinaken, Melde, Mangold, Saubohnen, Sellerie, Salate und Kohl angebaut. Besonders Hülsenfrüchte und Kohl schienen eine wichtige Rolle für die Versorgung der Menschen gespielt zu haben. Das machte Sinn, denn Hülsenfrüchte konnten getrocknet und Kohl konnte milchsauer eingelegt werden. Beide Verfahren garantierten lange Haltbarkeit und halfen den Menschen, sich in den langen Wintern zu versorgen.

Bei der Auswahl der Gemüsesorten gab es ähnliche Probleme wie bei den Obstbäumen. Auf unserer Pflanzenliste waren viele Gemüsearten verzeichnet, aber keine Sorten. Für die Planung der Gemüsekulturen musste ich abermals recherchieren. Von der Pflanzenzucht wusste ich, dass alle gezüchteten Sorten auf Wildpflanzen zurückgeführt werden konnten, das traf auch auf das Gemüse zu. Irgendwann wurden die Wildpflanzen in Kultur genommen und im Lauf der Zeit stark verändert. Bei einigen Arten waren die Ausgangsformen bekannt, andere aber schon so lange in Kultur, dass ihre Herkunft nicht mehr auszumachen war. In unseren heimische Küstenregionen gibt es teilweise noch Vorkommen von Wildkohl, und so konnte ich gut nachvollziehen, welche Veränderungen Kohl erfahren hatte. Acker- oder Wiesenwildkräuter wurden ebenfalls zu Kulturpflanzen, zum Beispiel die Melde oder die Möhre. Lein hingegen war eine uralte Kulturpflanze. Diese Hintergründe interessierten mich schon länger, früh war ich Mitglied des Vereins zur Erhaltung der Nutzpflanzenvielfalt (VEN) geworden. Dort erhielt ich dann Information über teilweise sehr unterschiedliche Land- und Regionalsorten.

Für unsere Vorfahren war es extrem wichtig gewesen, Saatgut in ihren Gärten zu ernten, denn nur wer über genügend Saatgut verfügte, konnte im nächsten Jahr seine Beete bestellen. Ein Teil der besten Kulturpflanzen wurde im Beet stehen gelassen, um sie zur Blüte und später zum Fruchten zu bringen. Wenn im Sommer Fruchtstände reif wurden, war es Zeit, sie abzuschneiden, zu trocken und zu lagern. Beim Trocknen fielen schon die ersten Samen raus, der Rest wurde durchs Öffnen und Ausschütteln der Früchte gewonnen. Im Winter musste das Saatgut trocken gelagert werden, so blieb es keimfähig und konnte im kommenden Frühjahr genutzt werden. Wieder blieben die besten Pflanzen stehen, um Saatgut zu generieren, und auf diese Weise war der erste Schritt zur Pflanzenzucht durch Auslese getan. Jetzt ist vielleicht vorstellbar, dass die Pflanzenqualität von Jahr zu Jahr stieg, wenn nur die besten Pflanzen vermehrt wurden. Außerdem stellte sich noch ein anderer Effekt ein: Mit jeder Saison passten sich die ausgewählten Pflanzen besser an den Boden und die Umgebung an. Sie wuchsen noch kräftiger und gesünder. Auf diese Weise entstanden unzählige Gemüsesorten, die von Ort zu Ort variierten. Viele Pflanzen wurden auch mit anderen Arten oder Sorten gekreuzt, und es entstanden Regionalsorten.

Fazit: Gärten, ihre Nutzer und Pflanzen passten sich einst aneinander an, und jedem war geholfen. Die Menschen aßen, was sie selbst angebaut hatten, und je nach Vorlieben konnten sie die Pflanzen verändern. Auf diese Weise entwickelten sich äußerst robuste Sorten, die gesund wuchsen und voller Nährstoffe waren. So verfügten die Menschen über hochwertige Lebensmittel, die noch heute die Grundlage für unsere Gesundheit und letztlich unser geistiges Wohlbefinden sind.

In unserem Klostergarten haben wir ausschließlich alte Gemüsearten und -sorten angebaut, und das Gemüse kann bei uns verkostet werden. Das alte Wissen wird so verbreitet, es ist unsere kleine Mission. Vielleicht hilft sie dabei, weniger exotische Nahrungsmittel zu importieren.

### Die richtigen Nahrungsmittel erkennen

Durch die Auseinandersetzung mit den alten Sorten wurde mir bewusst, welchen großen Dienst Pflanzen für uns Menschen leisten. Wir essen Getreide, Obst und Gemüse, um satt zu werden und unseren Körper mit Nährstoffen zu versorgen. Wir kaufen Lebensmittel ein, wenn wir hungrig sind, und wählen sie entsprechend unseres Appetits. Er zeigt uns, welche Nährstoffe unserem Körper gerade fehlen. Es ist gut, diesem Impuls bei der Auswahl der Gerichte zu folgen. Nicht umsonst haben wir im lichtarmen Winter Appetit auf frisches Obst und Gemüse, denn sie versorgen uns mit Vitaminen, Mineralien und allen anderen Nährstoffen und halten uns fit.

Sauerkraut zum Beispiel wird gern im Winter gegessen. Weißkohl wird geraspelt, milchsauer eingelegt und beginnt zu gären. Durch diesen Prozess wird der Kohl haltbar gemacht. Er ist so bekömmlicher, zudem steckt er voller Vitamine und anderer Nährstoffe, die wir in der dunklen Jahreszeit dringend brauchen. Aus diesem Grund ist Sauerkraut in der Küche ein Winterklassiker. Im Winter haben wir häufig auch Appetit auf Äpfel und Nüsse. Das sind genau die Früchte, die unser Immunsystem stärken.

Im Frühling mögen wir gern Wildkräuter, am liebsten im Salat oder in der Suppe. Frühlingssuppen haben bei uns eine lange Tradition, sie werden mit Kräutern wie Brennnessel, Bärlauch, Löwenzahn, Rauke, Wegerich, Vogelmiere, Giersch, Gänseblümchen oder Gundermann zubereitet. Sie versorgen uns mit Vitaminen und Mineralien, die wir nach dem langen Winter benötigen.

Unser Instinkt scheint sehr gut in der Lage zu sein, uns zu den für den Moment gerade richtigen pflanzlichen Nahrungsmitteln zu führen. Das ist wichtig, denn nur wenn wir uns ausgewogen ernähren, bleiben wir gesund und kräftig. Vertrauen wir der Intuition, lassen wir uns zu den richtigen Pflanzen führen!

### Die Stimme der Pflanzen

*Gärten bereiten Menschen viel Freude und geben uns Pflanzen ein lebendiges Zuhause. Sie dürfen keine Fremdkörper in ihrer Umgebung sein, sondern sollten wirken, als wären sie schon immer da. Klostergärten hatten die ersten Kräutergärten, und durch sie wurden Gartentechniken verbreitet, die wir bis heute nutzen. In den alten Gärten wurden wir gut versorgt, und ihr Menschen habt uns bei unserer Ausbreitung geholfen. Ihr habt Obstsorten und Baumformen gezüchtet und Regionalsorten hinterlassen. Sie sind robust und gesund und versorgen euch Menschen vor Ort am allerbesten. Außerdem sind sie ein wichtiger Beitrag, um unsere genetischen Ressourcen zu bewahren. Wiesen unterstützen den Boden und die Insekten. Sie sind besonders wertvoll, wenn sie artenreich sind. Große Diversität fördert Insekten, andere Tiere und letztlich auch Menschen. Heublumen helfen zum Beispiel heilen. Ihr Menschen seid immer ein Teil des größeren Ganzen!*

*Alles Gemüse stammt von Wildpflanzen ab, die irgendwann einmal angebaut wurden. Zunächst wurde Saatgut in der Natur gesammelt und von Jahr zu Jahr vermehrt. Dadurch passten wir Pflanzen uns immer weiter an die von euch geschaffene Umgebung an und haben uns diversifiziert. Wir bildeten viele Sorten aus. Für euch Menschen sind Regionalsorten besonders wertvoll, denn ihr Menschen, wir Pflanzen und die Regionen haben sich gemeinsam entwickelt.*

# DIE ZEICHEN
# DER NATUR
# DEUTEN

Obst und Gemüse waren existenziell für die Ernährung der Bewohner der Klöster und der um sie herum lebenden Menschen. Die innovativen Landbautechniken der Klöster inspirierten auch die Bauern der Umgebung. Gerade der Zisterzienserorden hat einen enormen Beitrag für die ausreichende Ernährung der gesamten Bevölkerung geleistet. Heute werden Klostergärten seltener als Impulsgeber für die Nahrungsmittelproduktion betrachtet, sondern vielmehr als einen für die Heilkunde. Das ist gut und richtig so, denn Klöster brachten erstmals Heilpflanzen in die Gärten.

## Was Klöster wussten und andere nicht

Obst- und Gemüsegärten versorgten Nonnen und Mönche, doch das Wichtigste im Klostergarten waren die Heilkräuter. Einen Kräutergarten für das Kloster zu planen, fiel mir nicht schwer, denn Kräuter waren ja seit Jahren mein Spezialgebiet. In Riddagshausen sollte dafür eine große Hochbeet-Anlage nach den schon bekannten Vorbildern entstehen. Die Ausdehnung einer solchen kannten wir durch Ausgrabungen auf der Insel Reichenau, und bei uns gab es genügend Platz, um sie in Originalgröße zu errichten.

Der Kräutergarten sollte quadratisch angelegt werden (bei einer Größe von etwa 300 Quadratmetern) und aus symmetrisch angeordneten Bankbeeten bestehen. Als Bepflanzung waren etwa vierzig Heilpflanzen vorgesehen, heimische (Malve, Odermennig, Schafgarbe, Wermut, Ziest) und mediterrane (Andorn, Eberraute, Rosmarin, Ringelblume, Salbei, Wein-Raute), jeweils zur Hälfte. Die einzelnen Beete wurden aus Holz gebaut, 40 Zentimeter hoch, unterschiedlich wurden sie befüllt. Ganz unten kam eine Schicht Reisig, den wir vom Strauchschnitt im Herbst aufgehoben hatten. Darüber Laub, dann Kompost und Mutterboden und zum Schluss nochmals eine dünne Schicht Kompost. Bevor damit begonnen wurde, erstellte ich einen genauen Plan für die Beete. Ich legte die Standorte für die einzelnen Kräuter fest, so konnten wir den für sie passenden Mutterboden einfüllen. Alle Pflanzen wuchsen üppig und waren voller Wirkstoffe.

Die heimischen Kräuter waren in den Klostergärten geläufig – sie wurden in unserer Kultur schon immer gesammelt und ab dem Mittelalter auch kultiviert –, doch die mediterranen waren neu. Die Mutterpflanzen stammten ja aus den Klöstern des Mittelmeerraums, und die Gärtner und Gärtnerinnen mussten sich etwas einfallen lassen, um die wärmeliebenden Pflanzen bei uns zu etablieren. Damals wie heute gab es große Temperaturunterschiede zwischen Mitteleuropa und dem Mittelmeerraum. Da kamen Hochbeete sicher sehr gelegen, denn sie boten trockene und warme Standorte.

In den Hochbeeten findet sich zum Beispiel der Dill (*Anethum graveolens*), ein einjähriges Kraut. Dill hat fein gefiederte Blätter und treibt im Sommer 80 bis 125 Zentimeter hohe gelbe Blüten, die bald Samen ansetzen. Beheimatet ist er in Vorderasien, doch schon in der Antike war er im gesamten Mittelmeerraum verbreitet. Der deutsche Name Dill wird auf das altnordische

Wort *dilla* oder das angelsächsische *dylle* zurückgeführt, was so viel bedeutet wie «beruhigen» oder «beschwichtigen» – einst wurde das Kraut als Zauberpflanze gegen Hexen und Dämonen eingesetzt.

Die antiken Ägypter bauten Dill in ihren Gärten an und nutzten ihn als Gewürz. Außerdem kannten sie seine Heilwirkung bei Kopfschmerzen und verwendeten ihn vermutlich wegen seiner konservierenden Wirkung zum Erhalt der Eingeweide von Mumifizierten. Die Griechen und Römer schätzten das Kraut ebenfalls als Gewürzpflanze. Als die Pflanze erstmals in mitteleuropäischen Klostergärten auftauchte, empfahl Hildegard von Bingen den Dill gegen Lungenleiden und zur Unterdrückung der Fleischeslust. Außerdem wurde dem Kraut eine gewisse Wirkung gegen Gicht und Nasenbluten nachgesagt. Ein Tee aus Dillsamen galt als Beruhigungsmittel für Babys mit Koliken und sollte den Milchfluss stillender Mütter anregen. Nach mittelalterlichem Volksglauben nahmen Frauen am Tag ihrer Hochzeit Dillsamen mit in die Kirche und flüsterten: «Ich hab Senf und Dill, mein Mann muss tun, was ich will.» Oder: «Wenn ich rede, schweig du still.» Man war auch davon überzeugt, dass Dillsamen im Schuh Glück bringen würden, und Dillbündel an Türen sollten Hexen und unliebsame Besucher abhalten. Unters Kopfkissen gelegt, sollten sie Albträume oder Mondsüchtigkeit vermeiden.

Heute, in der Volksheilkunde, regt ein Tee aus Dillsamen den Milchfluss an, auch hilft er bei Blähungen, Appetitlosigkeit und nervöser Schlaflosigkeit und kann Verkrampfungen lindern.

Ein ausgesprochenes Klosterkraut ist der Koriander (*Coriandrum sativum*). Er zählt zu den ältesten uns bekannten Gewürzen und wird seit Jahrtausenden angebaut. Koriander ist ein einjähriges Kraut und stammt ursprünglich aus den Gebirgen des östlichen Mittelmeerraums. Aus einer dünnen Pfahlwurzel treiben zunächst Blätter, die streng nach Wanzen riechen. Im Sommer blüht das Kraut weiß, danach folgen die Früchte.

Alle Hochkulturen des Mittelmeerraums nutzten Koriander in der Küche und als Heilpflanze. Die ersten Belege dafür finden sich im Papyrus Ebers aus dem Alten Ägypten (1550 v. Chr.), dessen Vorlagen in weit frühere Zeiten zurückreichen. Diese Schriftrolle umfasst rund 700 Arzneistoffe und 800 Rezeptformeln. Korianderfrüchte waren ebenso in Persien ein beliebtes Gewürz, es wurde von dort nach Indien und China gebracht. Die Chinesen verbanden Koriander mit Unsterblichkeit. Bei den Griechen zählte er zu den wichtigsten Gewürzen, hatte aber auch eine große Bedeutung als Heilmittel. Dioskurides empfahl Korianderfrüchte zur Behandlung von Geschwülsten und zur Steigerung der Potenz. Plinius wiederum empfahl die Früchte bei schlecht heilenden Wunden, Verbrennungen, Geschwüren und Ausfluss. Die Römer waren es wieder einmal, die das Kraut in Mitteleuropa einführten. Im Mittelalter war Koriander eher ein Heilmittel als ein Gewürz und wurde in den Klostergärten angebaut. Man benutzte ihn zur Bekämpfung von Läusen und Flöhen, als Aphrodisiakum, und er war Bestandteil von Liebestrankrezepturen.

Die reifen, getrockneten Korianderfrüchte enthalten als Wirkstoff in erster Linie ätherisches Öl. Sie werden heute ganz oder gemahlen zur Zubereitung von Lebkuchen, Soßen und Gemüse genutzt oder sind Bestandteil von Currys. In der Heilkunde wird Koriander als Tee zur Behandlung von Verdauungsstörungen wie Blähungen, Magenverstimmungen und Völlegefühl angewendet. Das ätherische Korianderöl wirkt durchblutungsfördernd und hilft bei rheumatischen Beschwerden.

Im Klostergarten ist der Muskateller-Salbei (*Salvia sclarea*) mein absolutes Lieblingskraut. Er ist zweijährig und stammt aus dem Mittelmeergebiet. Aus den fleischigen Pfahlwurzeln wächst im ersten Jahr eine Blattrosette, und im Sommer des zweiten Jahres treibt aus ihr ein 100 bis 150 Zentimeter hoher Blütenstand mit hellvioletten Blüten.

Wegen seiner stattlichen Erscheinung und seines intensiven Dufts wurde Muskateller-Salbei schon in der Antike geschätzt. Der Artname *sclarea* wurde von *clarus* (rein) abgeleitet, wohl ein Hinweis auf die Verwendung der Pflanze zum Reinigen der Augen. In der Tat wurden ihre Samen unter das Augenlid gesteckt, um durch den austretenden Schleim Fremdkörper aus dem Auge zu entfernen. Auch die entspannende Wirkung des ätherischen Öls war bekannt, weshalb Muskateller-Salbei zum Räuchern und als Badezusatz verwendet wurde. Bei höherer Dosierung kann er Rauschzustände auslösen, ebenso wurde ihm eine aphrodisierende Wirkung nachgesagt. In Mitteleuropa siedelte man die wärmeliebende Pflanze zunächst in Weinbaugebieten an. Wein (vielleicht auch Bier) wurde mit dem ätherischen Öl der Blüten gewürzt, der Geschmack des Getränks auf diese Art verfeinert, seine Farbe verbessert sowie die Rauschwirkung erhöht. Hildegard von Bingen wandte das Kraut bei Vergiftungen, schwachem Magen und Kopfschmerzen an.

Die Volksheilkunde benutzt getrocknete Blätter und Blüten noch immer als Tee gegen Blähungen, Koliken, Durchfall, Magenschmerzen und Schweißausbrüche. In stärkerer Konzentration hilft er als Umschlag bei kleinen Wunden. Doch Vorsicht: Wegen der leicht berauschenden Wirkung dürfen diese Tees nicht über einen längeren Zeitraum verabreicht werden. Muskateller-Salbei wird heute in erster Linie zur Gewinnung seiner ätherischen Öle angebaut. Das Öl wirkt entspannend und beruhigend und wird zur Aromatherapie oder als Badezusatz verwendet. Außerdem ist es wehenfördernd und krampflösend und hilft bei Menstruationsbeschwerden, Blähungen und Magen- und Darmproblemen.

Eine besondere Pflanze ist das Mutterkraut (*Tanacetum parthenium*). Mutterkraut ist eine 60 bis 80 Zentimeter hohe Staude mit stark aromatischen Blättern und an Kamille erinnernden Blüten. Im Mittelalter war es unter dem Namen Metra bekannt und in unseren Gärten weit verbreitet. Hildegard von Bingen schwor auf die Heilkraft des Krauts. Später setzte sich die Verwendung der Kamille durch, einer nah verwandten Pflanze.

Das Mutterkraut stammte ursprünglich aus Kleinasien und gelangte vor etwa 2500 Jahren nach Griechenland. Dort wurde es der Göttin Athene geweiht und seine Heilwirkung erstmals beschrieben. Frisches Kraut wurde in Wein, Essig oder Öl gesotten. Es galt als Wehenmittel, förderte die Menstruation und den Wochenfluss nach der Geburt. Auch seine Verwendung als fiebersenkendes Mittel und als eines gegen Wassersucht, Darmkrämpfe und Verdauungsbeschwerden war damals weit verbreitet. In der mittelalterlichen Heilkunde wurde das Kraut gegen Gebärmutterleiden und erstmals gegen Kopfschmerzen und Melancholie eingesetzt.

Die Volksheilkunde verwendet den Tee noch heute innerlich bei Menstruationsbeschwerden und Verdauungsstörungen, äußerlich, um die Wundheilung bei Quetschungen und Schwellungen zu unterstützen. Neuerdings werden Extrakte der Pflanze zur vorbeugenden Migränebehandlung eingesetzt, sie sind ebenso als Antidepressiva im Gespräch. Aber Vorsicht: Der Umgang mit Mutterkraut kann allergische Reaktionen auslösen. Es darf nicht während der Schwangerschaft verwendet werden.

Ein absoluter Klassiker ist der heimische Echte Ziest (*Stachys officinalis*). Die mehrjährige Pflanze ist in lichten Wäldern und auf Wiesen Europas zu Hause, sie wird 30 bis 50 Zentimeter hoch und blüht im Sommer purpurrosa. Der Ziest ist eine uralte Heilpflanze und genoss bereits im Altertum hohes Ansehen.

Antonius Musa, Leibarzt des römischen Kaisers Augustus im
1. Jahrhundert v. Chr., stellte die Pflanze als Allheilmittel dar
und sprach ihr die Kraft zu, nicht weniger als siebenundvierzig Krankheiten heilen zu können. In Ägypten, Griechenland
und Rom wurde Ziest bei fast jeder Krankheit eingesetzt. Die
Griechen hatten den Rat: «Verkaufe deinen Mantel und kaufe
dafür Ziest.» Dieser Satz zeugt von dem ehemals hohen Stellenwert des Krauts. Damals galten böse Geister und Dämonen
als Verursacher von Krankheiten und mussten bekämpft werden, damit sie dem Menschen nicht schaden konnten. Kinder,
von denen man annahm, das Böse hätte Besitz von ihnen ergriffen, wurden mit Ziest-Tee gewaschen. Um bösen Geistern
den Zutritt ins Haus zu verwehren, wurde das Kraut unter der
Türschwelle vergraben, und zur Reinigung der Häuser wurde
damit geräuchert.

Heute ist Ziest eine Pflanze der Volksheilkunde und wird
zur Behandlung von Durchfall, Verdauungsstörungen und Entzündungen der Atemwege eingesetzt. Der Tee stärkt das Nervensystem und hilft gegen stressbedingte Kopfschmerzen. Er
regt die Durchblutung des Gehirns an und kann auch Migräne
lindern. Ein Aufguss kann zum Gurgeln bei Mundgeschwüren
und Zahnfleischentzündungen verwendet werden, Kompressen
fördern die Wundheilung. Homöopathische Zubereitungen helfen bei Schwächezuständen. Vorsicht: Bei Überdosierung ruft
Ziest Brechreiz hervor und kann stark abführend wirken.

### Altes Kräuterwissen

Die meisten Kräuter werden noch heute als Gewürz oder als
Heilpflanze verwendet. In vielen Kochrezepten werden sie
aufgeführt, um eventuelle Unverträglichkeiten der Speisen
abzumildern oder zu verhindern. Kohlgerichte werden häufig

mit Kümmel gekocht, Weißkohl immer. Das macht Sinn, denn häufig vertragen wir sie nicht sehr gut und bekommen Blähungen. Also wird der Kümmel als Gewürz eingesetzt, denn er wirkt verdauungsfördernd und hilft gegen Blähungen. Aus ähnlichen Gründen isst man Lachs mit Meerrettich, fette Speisen mit Thymian oder richtet ölhaltige Kartoffelspeisen oder Kräutermarinaden für Fleisch und Fisch mit Rosmarin an. Die meisten Gewürze sind in der Küche so selbstverständlich geworden, dass wir uns unsere Speisen ohne die entsprechenden Kräuter gar nicht mehr vorstellen können.

Interessant ist dabei eine Frage: Woher wussten die Menschen, welche Pflanzen sie essen oder als Heilkraut verwenden können? Die Standardantwort lautet: Die Menschen haben im Lauf der Zeit viel probiert und ihre Erfahrungen weitergegeben. Das ist nachvollziehbar, denn früher lebten die Menschen als Jäger und Sammler in und von der Natur und fanden dort alles, was sie zum Überleben brauchten. Als sie entdeckten, welche Pflanzen essbar sind und welche eine Heilwirkung haben, war klar, dass sie diese immer wieder suchten und verwendeten. Ihre Erfahrungen wurden über viele Generationen weitergegeben, sodass wir bei vielen Rezepturen nicht mehr genau nachverfolgen können, woher sie ursprünglich stammen.

Doch reicht die Vorstellung, dass alle Pflanzen irgendwann ausprobiert wurden, aus, um zu verstehen, wie die Menschen ihre Pflanzen entdeckten? Gab es nicht noch andere Möglichkeiten, um zu erfahren, welche Pflanzen nützlich waren? In alten Überlieferungen ist häufig von Sehern die Rede oder von Druiden. Ich denke, dass es sich dabei um besonders sensible Menschen handelte, die intuitiven Zugang zu Pflanzen hatten, auch wenn wir uns das heute kaum vorstellen können. Gut vorstellbar, dass sie durch unmittelbare Eingebung heidnische Rituale wie das Räuchern entdeckten und dann einsetzten.

In alten Geschichten wurden Pflanzen auch häufig personifiziert, und offenbar konnten Menschen mit ihnen reden. Das erscheint uns heute ebenso ein wenig abwegig, denn wir haben gelernt, nur Dinge für wahr zu halten, die wir messen, analysieren oder beweisen können. Auf diese Weise vernachlässigen wir aber das riesige Feld unserer Intuition. Selbstverständlich reden wir von unserem Bauchgefühl, von Herzensangelegenheiten und davon, ob sich etwas richtig oder falsch für uns anfühlt. Allerdings verlassen wir uns bei fast allen Entscheidungen am Ende doch auf unseren Verstand. Rational erfassen wir, dass Pflanzen aus verschiedenen Teilen, Zellen und Inhaltsstoffen bestehen, und wir können überall nachlesen, wie welche Pflanzen wie zu nutzen sind. Doch manche Menschen verbinden sich mit Pflanzen und können uns gefühlsmäßig sagen, welche Pflanzen für uns hilfreich sind. Diese große Gabe wurde besonders der berühmten Heilerin Hildegard von Bingen nachgesagt.

## Hildegard von Bingen – eine Visionärin

Die Hospitäler der Klöster hatten alle damals bekannten Heilkräuter und Rezepturen parat, und es ist deshalb kein Wunder, dass die Klosterheilkunde so erfolgreich war. Bis heute ist sie vornehmlich mit der Äbtissin und Mystikerin Hildegard von Bingen verbunden. Sie wurde im Jahr 1098 geboren, und im Alter von acht Jahren schickte man sie zur geistlichen Erziehung in ein Benediktinerkloster. Dadurch kam sie in den Genuss umfassender Bildung, denn die Klöster der Benediktiner waren damals Hochburgen der Wissenschaft. Mit achtunddreißig wurde sie die geistliche Mutter des Klosters Disibodenberg in Rheinland-Pfalz. Vier Jahre später erhielt sie mittels einer Vision den göttlichen Auftrag, alles zu dokumentieren und zu verkünden, was sie jemals in ihren Erscheinungen erfahren habe. Es erschlossen sich ihr tiefere Geheimnisse, und sie hinterließ ein umfassendes Schriftwerk, das beispiellos in der Geschichte des Mittelalters ist.

Die heilige Hildegard galt als Seherin, und ihr Welt- und Menschenbild war von den Naturkräften des Kosmos bestimmt. Sie hatte große Freude an der Heilkunde und hinterließ Werke wie die *Physica* (*Heilkraft der Natur*) und *Causae et curie* (*Ursachen und Behandlungen der Krankheiten und ihr Heilwissen*). Die Äbtissin starb im Alter von einundachtzig Jahren und kündigte auch ihren eigenen Tod in einer Vision an. Eine wirklich bemerkenswerte Frau, die bis heute nicht vergessen ist. Ganz im Gegenteil, denn bei vielen Menschen ist die Hildegard-Medizin wieder angesagt.

Für die «erste deutsche Naturärztin» bestand der Mensch und die Schöpfung aus den vier Elementen Feuer, Luft, Wasser und Erde. Sie verfolgte und verbreitete eine ganzheitliche Lehre, in der der Mensch als Mikrokosmos in Verbindung mit dem Makrokosmos stand: «Jedes Geschöpf ist mit einem anderen verbunden, und jedes Wesen wird durch ein anderes gehalten.» Folglich hatte nach ihrer Vorstellung unser Tun immer auch eine Auswirkung auf das Ganze. Ganz wichtig schien ihr dabei die richtige Ernährung zu sein. Sie propagierte geschroteten Dinkel mit getrockneten Früchten und Gewürzen als gesunden Frühstücksbrei. Außerdem gab sie Empfehlungen, welche Speisen und Getränke zu welcher Tageszeit bekömmlich seien. Ernährung und Gesundheit waren für sie nicht voneinander zu trennen. Auch in der Heilkunde setzte Hildegard neue Impulse, und die Liste ihrer Heilkräuter war lang: Andorn, Beifuß, Fenchel, Flohsamen, Galgant, Muskateller-Salbei, Mutterkraut, Quendel, Schafgarbe, Veilchen und Ysop.

Nehmen wir an, dass Hildegard von Bingen wirklich Visionen hatte. So wäre leicht zu erklären, warum sie auch Kräuter nutzte, deren Heilwirkung in ihrer Zeit noch völlig unbekannt waren. Die Ringelblume ist ein solches Beispiel. Obwohl sie im Mittelmeerraum massenhaft vorkommt, wurde, wie schon erwähnt, ihre Heilkraft in keinem Kräuterbuch der antiken Ärzte beschrieben. Woher wusste Hildegard, dass sie die Blütenblätter zu einer Salbe verarbeiten konnte, die entzündungshemmend wirkte und bei Verletzungen und in der Hautpflege wirksam war?

Zu ihren Kräutern gehörte auch das Mutterkraut. Sie bereitete eine Suppe aus dem Presssaft der Pflanze, gemischt mit Wasser, Öl und Mehl. Die Suppe ist bis heute ein Heilmittel und wirkt entkrampfend bei prämenstruellen und anderen Bauch- und Unterleibsbeschwerden. Außerdem empfahl Hildegard Mutterkrauttropfen als schnelle Alternative bei Kopfweh und sonstigen Frauenleiden. Ein drittes Beispiel ist der Rosmarin. Die Heilerin empfahl Frauen, sich bei Menstruationsschmerzen angewärmtes Rosmarinöl auf den Unterleib zu reiben. Außerdem wurden Rosmarinumschläge gegen rheumatische Beschwerden und Gicht eingesetzt.

Wenn wir davon ausgehen, dass die heilige Hildegard eine Seherin war und wusste, dass jedes Geschöpf mit anderen verbunden ist, können wir uns sehr gut vorstellen, dass sie Botschaften von Pflanzen empfing.

### Die Bohne heilt Nieren

Man muss jedoch keine Visionen haben, um die Heilkraft von Pflanzen zu erkunden. Das zeigt die Signaturenlehre. Schon die antiken Ägypter kannten und nutzten sie, doch erst Paracelsus schrieb sie sorgfältig auf und machte sie einem breiten Publikum zugänglich. Sie ist eine Lehre von den Zeichen in der Natur und besagt, dass Pflanzen Kennzeichen tragen, die verraten, welche Krankheiten sie heilen können. Als Signaturen gelten zum Beispiel Geruch, Geschmack, Farbe, Gestalt, Standort und Lebensdauer. Die Form der Bohne ähnelt unserer Niere, folglich wird sie bei Nierenleiden eingesetzt. Noch anschaulicher ist das Beispiel Walnuss. Ihre Form erinnert an das Hirn, und so soll sie gegen Kopfschmerzen helfen und die Hirnaktivität bis in das hohe Alter unterstützen. Der gelbe Milchsaft des Schöllkrauts wirkt bei Gelbsucht, einem Leber- und Galleleiden, und ein Tee aus Lungenkrautblättern bei Husten. Brennnesseln, deren Blätter mit Brennhaaren überzogen sind, helfen bei Haarausfall.

Die Signaturenlehre ist naturwissenschaftlich nicht belegt, und doch sind viele Rezepturen wirksam und in der Volksheilkunde weit verbreitet. Sie ist Bestandteil von traditionellen Heillehren und schamanischen Traditionen. Das Erkennen der Zeichen, die einem Heilkraut mitgegeben wurden, geschah meist in Trance.

Und um die Signaturen wirklich verstehen zu können, wurden die Pflanzen zudem nach astrologischen Prinzipien geordnet. Die Essenz: Alles hängt zusammen, der Makrokosmos korrespondiert mit dem Mikrokosmos. Man kann also am Stand der Sterne und Planeten ablesen, was auf der Erde aktuell wichtig ist. Im Himmel sieht man die gleichen Prinzipien wie im Pflanzenreich und bei den Menschen.

Wer die Signatur einer Pflanze wirklich erkennen möchte, muss sie sehr genau anschauen, und sicher hilft dabei die Intuition. Hier einige Beispiele:

Zu den wichtigsten Signaturenpflanzen zählt der Baldrian (*Valeriana officinalis*). Als Heilpflanze wirkt der Baldrian beruhigend. Betrachten wir die Pflanze, bemerken wir zunächst ihre großen Blütenstände mit ihren rosafarbenen und weißen Blüten und den betörenden Duft. Die Blätter sind gefiedert, haben schräg eingesägte Blättchen und vermitteln einen sehr zerrissenen Eindruck. Die Blütenstängel sind innen hohl und knicken schnell ab. Alle oberirdisch sichtbaren Pflanzenteile machen also einen zerbrechlichen und flüchtigen Eindruck, als wollten sie von der Erde fliehen. Ganz anders sieht das bei den Wurzeln aus. Der Wurzelstock ist ungewöhnlich stark ausgebildet und mit seinen zahlreichen dünnen, langen Wurzeln fest im Boden verankert. Haben wir die ganze Pflanze im Blick, erkennen wir eine gewisse Polarität. Asymmetrische, zerrissene und zerbrechliche oberirdische Pflanzenteile und gleichmäßig starke, fest verankerte Wurzeln. Baldrian entspricht so einem Menschentyp, der Gefahr läuft, den Boden unter den Füßen zu verlieren. Menschen mit übersteigerter Gedankenaktivität und Überempfindlichkeit der Sinne tun gut daran, sich mit Baldrian zu erden. Aus diesem Grund werden Zubereitungen aus Baldrianwurzeln bei nervös bedingten Einschlafstörungen, Unruhe und Gedankenflucht eingesetzt.

Auch das Gänseblümchen (*Bellis perennis*) ist ein gutes Beispiel, denn es erscheint als kleine, zierliche Wiesenblume. Gänseblümchen sind aber sehr robust. Sie werden mit dem Rasen abgemäht und bleiben dennoch unversehrt. Sie blühen danach sofort weiter und bilden einfache Korbblüten. Diese bestehen aus einer kreisförmigen gelben Blütenscheibe mit weißen Zungenblüten am Rand. Die Blätter des Krauts sind bodenständig und bilden dichte, unverwüstliche Rosetten. Die glänzenden Blätter sind derb und etwas fleischig, darin erkennen wir den Ausdruck von Robustheit und Vitalität. Im Verblühen ist die Pflanze besonders diskret, denn die Zungenblüten fallen ohne Verfärbung ab. Das Gelb der Blütenscheibe wird schnell grün und passt sich dem Rasen an.

Jedes Kind hat schon Gänseblümchen gepflückt und daraus Sträuße oder Kränze gemacht. Kinder fühlen eine innere

Nähe zu diesen schlichten Blumen, und das Wesen der Pflanze ist auf die Bewahrung der Reinheit und einer kindlichen Unschuld gerichtet. Erwachsene Menschen beachten die Blumen kaum. In der Heilkunde ist das Gänseblümchen eine wunderbare Hilfe bei allen seelischen und körperlichen Verletzungen. Zubereitungen eignen sich zur Behandlung von Blutungen, Muskelzerrungen und Muskelschmerzen. Sie unterstützen den Heilungsprozess und lindern letztlich auch die seelischen Folgen der Verletzungen.

Der Holunder (*Sambucus nigra*) hat ebenfalls eine starke Pflanzensignatur. Der Strauch gehört zu den großen Mysterienpflanzen und war äußeres Sinnbild für die geistige Entwicklung. «Frau Holle», das Märchen der Brüder Grimm, gibt uns ein Bild vom Wesen des Buschs. Nachdem eine der zwei Töchter einer Witwe durch einen Brunnenschacht zu einer tieferen Ebene (des Bewusstseins) hinabgetaucht war, musste sie einen Reifeprozess beenden (Äpfel pflücken, Brötchen aus dem Ofen nehmen). Danach stellte die junge Frau ihr Leben in den Dienst von Frau Holle, sodass ihr Geist zur Klarheit kam (Schnee auf die Erde schütteln). Da sie diese Lebensaufgabe selbstlos und mit Hingabe erfüllte, wurde sie mit geistigem Gold beschenkt. Als dann die andere Tochter ähnlich in den Brunnen stieg und bei Frau Holle landete, führte sie das Ausschütteln der Betten widerwillig aus – sie wurde mit klebrigem Pech (Verstrickung des Schicksals) bestraft.

Holunder wächst bei uns überall und treibt im Frühjahr als einer der ersten Sträucher aus. Seine jungen Triebe schießen senkrecht nach oben und werden innerhalb kürzester Zeit sehr lang. Das Jungholz hat nur eine dünne Rindenhaut, die sich erst im zweiten Jahr festigt. Im weiteren Wachstum biegen sich die Zweige nach unten. Die Rinde des älteren Holunders sieht zerschlissen und greisenhaft aus, und doch bleibt der Busch erstaunlich vital. Im Frühling bringt er zahlreiche Trugdolden mit weißen, süßlich duftenden Einzelblüten hervor. Kaum eine andere Pflanze produziert so große Massen an Blütenpollen wie der Holunder. Im Herbst hängen schwarze, säuerlich-herbe Früchte schwer am Strauch. Was hat uns der Holunder zu sagen? Das Hauptthema der Pflanze scheint Lebensenergie zu sein. Erwachsenwerden, Verantwortung übernehmen und geistige Reife erlangen sind nur möglich, wenn sich die Lebensenergie stets transformieren kann. Das führt natürlich dazu, dass die Vitalität der Jugend abnimmt und sich ein Reiferwerden einstellt. In der Heilkunde unterstützt der Holunder seelische und geistige Reifeprozesse, wenn diese ins Stocken kommen. Holunderblüten werden als Tee oder in Teemischungen als schweißtreibendes Mittel bei Erkältungskrankheiten verwendet.

Eines der aktuell populärsten Heilkräuter ist das Johanniskraut (*Hypericum perforatum*). Dabei handelt es sich um eine typische Mittsommerpflanze, denn sie blüht um den Johannistag (24. Juni). Das Kraut wächst an Wegrändern, auf Schutt und in Kahlschlägen. Seine Stängel sind äußerst stabil, die Blätter oval und perforiert und die Blüten leuchtend gelb. Johanniskrautblüten haben einen deutlichen Drehsinn – und zwar in beide Richtungen. Sie blühen genau dann, wenn die Tage am längsten sind, scheinen deren Licht aufzunehmen. Die Blätter sehen punktiert, gelöchert aus, was jedoch nicht stimmt, denn es handelt sich dabei um durchscheinende Zellen von Exkretbehältern, gefüllt mit ätherischen Ölen (Lipiden). Beim Zerdrücken der Knospen tritt ein blutroter Farbstoff aus, der dem Heilmittel Rotöl seine Wirksamkeit und Farbe gibt. Rot ist die Farbe der Aktivität und der Willenskraft, und das Kraut bringt zum Ausdruck, dass Lichtkräfte zu Willenskraft transformiert werden können. Johanniskraut hat eine extrem starke

Beziehung zum Licht und fördert seine Aufnahme, Speicherung und Umwandlung in Nervenkraft. Johanniskrautzubereitungen werden bei nervöser Unruhe, Angstzuständen und Depressionen verwendet. Die punktierten Blätter erinnern an Stichverletzungen, und auch das ist eine deutliche Signatur: Das Kraut hilft auf der körperlichen Ebene bei Schnitt- und Stichwunden, Nervenverletzungen, Ischias oder Herpes. Es ist also bei körperlichen und seelischen Verletzungen angezeigt. Doch Vorsicht: Bei der Einnahme von hochdosierten Präparaten oder bei der Verwendung von Rotöl sind photosensible Reaktionen (Hautrötungen) möglich!

Eine bei uns weit verbreitete Wildpflanze ist die Wilde Möhre (*Daucus carota*). Sie gehört zur Familie der Doldengewächse, und ihre Blütenstände bestehen aus zahlreichen weißen Einzelblüten, die zu einer schirmartigen Dolde vereinigt sind. Charakteristisch für die Wilde Möhre ist, dass das Zentrum der Dolde purpurfarben ist. Der Blütenstand hat also einen deutlich ausgeprägten Mittelpunkt. Das ist ein Trick der Evolution, denn der Punkt suggeriert vorbeifliegenden Insekten, dass die Blütenstände von Artgenossen gern besucht werden, um Nektar zu saugen. So ist die Möhre äußerst erfolgreich im Kampf um die manchmal sehr raren Bestäuber. Nach dem Verblühen stülpt sich der Blütenstand um, und die äußeren Blüten wölben sich zum Zentrum hin. Am Ende seiner Entwicklung ist der Fruchtstand ein geschlossenes, kugeliges Gebilde, das an ein Vogelnest erinnert.

Es gibt keine andere Pflanze in der mitteleuropäischen Flora, die eine derart auf den Mittelpunkt zentrierte Signatur hat. Das Wesen der Wilden Möhre ist also die Zentrierung von Bewusstseinskräften. Unser Leben ist heute gekennzeichnet von einer Vielzahl kaum zu bewältigender Einflüsse, die vielfältig auf uns einwirken und unsere ganze Aufmerksamkeit erfordern. Dieser

Umstand kann zur inneren Zerrissenheit und Unausgeglichenheit der Kräfte führen. Oft ist es nicht mehr möglich, unsere Energie auf das Wesentliche zu lenken. Konzentrationsmangel und psychische Verstimmungszustände können die Folge sein. In solchen Situationen ist die Wilde Möhre hilfreich, denn sie vermag zerstreute Kräfte wieder zum Mittelpunkt zu führen und den Blick auf das Wesentliche zu schärfen. Homöopathische Zubereitungen werden bei Konzentrationsstörungen, Antriebsschwäche, mangelnder Wachheit und Depressionen angewendet.

### Jeder kann seine Pflanzen intuitiv erkennen

Es gibt aber noch andere Ansätze, wie wir die Geheimnisse der Pflanzen ergründen können. So freue ich mich jedes Jahr auf den Workshop einer befreundeten Heilpraktikerin im Klostergarten. Sie weiß sehr viel über Kräuter- und Naturheilkunde und hat eine starke, fast schamanische Ausstrahlung. Sie beginnt ihre Veranstaltungen immer mit einer Meditation. Alle Anwesenden werden eingeladen, sich bequem im Garten hinzusetzen, für zehn bis fünfzehn Minuten die Augen zu schließen und zu schweigen. Das ist für viele ein wenig ungewöhnlich, doch dann genießen sie es, zunächst einmal ganz in Ruhe im Garten zu sein. Ich selbst nutze die Stille, um dem kraftvollen Ort nachzuspüren. Irgendwann nehme ich nur noch die Geräusche der Menschen und Tiere wahr. Dann höre ich auch diese nicht mehr, und es stellt sich das Gefühl ein, ganz zentriert zu sein. Ich denke, den Teilnehmern und Teilnehmerinnen ergeht es nicht anders, denn nach der Übung herrscht in der Gruppe eine völlig andere Stimmung.

Anschließend streifen wir in Stille und mit genügend Zeit

durch den Garten. Es ist sehr interessant, dass sich fast alle im Kräutergarten versammeln. Während der Meditation haben sie Achtsamkeit geschult, und nun begrüßen sie die Pflanzen. Die Kräuter werden angefasst, es wird ein wenig gepflückt, beschnuppert und manchmal auch probiert. Später setzen wir uns in einen Kreis, und jeder darf von seinen Begegnungen mit den Pflanzen berichten und seine gepflückten Kräuter zeigen. Manche haben nur eine Blüte oder ein Blatt vorsichtig abgezupft, andere kommen mit einem großen, duftenden Kräuterstrauß. Alles ist möglich, alles ist erlaubt.

Spannend wird es, wenn die Einzelnen erzählen, warum sie die ausgewählten Kräuter mögen. Einige lieben den Duft der Blüten, andere die Form der Blätter. Viele haben ein Stück der Pflanze probiert und finden ihren Geschmack lecker. Andere empfinden die Kräuter als Blumen und freuen sich über den Strauß für zu Hause.

Das wirklich Verblüffende kommt aber in der Abschlussrunde zutage, wenn über die Kräuter und ihre Verwendung in der Naturheilkunde gesprochen wird. So unglaublich es klingt, aber alle haben sich immer genau die Kräuter ausgesucht, die an diesem Tag gut für sie sind. Das Staunen ist groß, wenn jeder ehrlich auf die Frage antwortet, wie es ihm (oder ihr) an diesem Tag geht. Menschen mit leicht depressiver Stimmung pflücken Johanniskraut, andere sammeln Kümmelsamen, weil sie den Geschmack gern mögen. Rein «zufällig» haben sie schwer Verdauliches an dem Tag gegessen und greifen nun zu dem blähungstreibenden Kraut. Einige mögen bittere Pflanzen und kommen mit Wermut oder Andorn. Wie sich oft herausstellt, leiden sie an Appetitlosigkeit. Menschen mit Bauschmerzen haben Minze und Kamille bei sich, und Personen mit Verdauungsbeschwerden Rosmarin. Bemerkenswert, denn anfangs kennen sich die meisten Workshop-Teilnehmer mit Kräutern nicht sehr gut aus.

Hinterher ist allen klar, dass es eine Verbindung zu den Pflanzen gegeben haben muss! Achtsamkeit macht diese möglich, und die wird durch die Einstimmung zu Beginn der Veranstaltung geschult. Mit Achtsamkeit ist nicht etwa gemeint, vorsichtig mit den Pflanzen umzugehen. Das muss selbstverständlich sein. Viel wichtiger ist die Achtsamkeit mit sich selbst, denn nur wer ganz bei sich ist und es schafft, sein Gedankenkarussell im Kopf zu stoppen, schärft seine Intuition. Die Intuition führt letztlich alle (mich eingeschlossen) zu den richtigen Kräutern. Ich kann also wahrnehmen, welche Pflanzen mir helfen, wenn ich es zulasse. Was für ein Erlebnis, damit rechnet niemand!

Um das Erlebte besser einordnen zu können, ist es notwendig, etwas mehr über unsere innere Wahrnehmung zu wissen. Der Mensch verfügt über drei Bewusstseinszentren, und die sollte man kennen. So gibt es das Bauchzentrum, das mit unserem Instinkt verbunden ist. Entscheiden wir aus dem Bauch heraus, tun wir genau das, was uns in der jetzigen Lebenssituation am meisten nutzt. Im Bauch wachsen also Erkenntnisse, die wir für unsere Selbstbehauptung brauchen. Für viele spirituelle Lehrer (und der Idee folge ich gern) ist das Herz, das zweite Bewusstseinszentrum, das für Beziehungen und Gefühle. Hier werden Verbindungen zu anderen Wesen hergestellt. Wenn wir aus dem Herzen entscheiden, liegt uns das Wohlergehen anderer am Herzen. Das Herz ist somit das Erkenntniszentrum für unsere Beziehungen. Der Kopf, das dritte Bewusstseinszentrum, wiederum ist das Zentrum des Intellekts, denn er beziehungsweise seine Nervenverbindung analysieren alle Situationen, die dann zu Entscheidungen führen. Hier wird (kritisch) gedacht, getrennt, in Kategorien eingeteilt.

Die meisten Menschen leben in einem ständigen Konflikt zwischen Herz- und Kopfentscheidungen. Intuition entsteht in keinem einzelnen der drei Zentren, denn sie ist weder Instinkt noch Gefühl, noch eine Tätigkeit des Kopfes. Ich denke, Intuition entwickelt sich durch die Synthese von Kopf und Herz, denn nur wenn diese beiden Bewusstseinszentren zusammenarbeiten, ist es möglich, zu einer höheren Erkenntnisebene zu gelangen. Bleibt zu erwähnen, dass viele großartige Erkenntnisse der Menschheit aus der Intuition heraus entstanden sind.

Ich freue mich, wenn Menschen achtsam sind und sich wirklich auf Pflanzen einlassen. Das ist ein entscheidender Schritt nach vorn.

### Klosterleben hilft auch heute

Der Klostergarten Riddagshausen ist wirklich besonders, auch wenn er erst vor knapp zwanzig Jahren angelegt wurde. Überall ist zu spüren, was der nachhaltige Landbau über Jahrhunderte mit dem Gelände machte. Die Erde ist humusreich, locker und fruchtbar, wie ich es vorher noch nie erlebt hatte.

Der Garten ist zudem ein friedlicher Ort mit starker Ausstrahlung, und ich denke, das ist das wirkliche Erbe der Zisterzienser. Ich bin mir sicher, dass sich alle unsere Gedanken und alles Tun auf andere Menschen auswirken, warum soll das bei Tieren, den Pflanzen und der Erde anders sein? Vielleicht ist das der Grund, warum sich Menschen in Klostergärten so wohlfühlen. Immerhin wurden sie die allermeiste Zeit nachhaltig beackert, und das machte sie zu außergewöhnlichen Orten. Jeder kann es spüren.

So glücklich mich die Arbeit im Kloster auch machte, dämmerte mir irgendwann, dass ich das Wahrnehmen von Pflanzen und Orten intensiver trainieren konnte. Warum nicht selbst mal in einem Kloster leben? In einem in der Nähe wurden Einkehrtage angeboten, Meditationen, Schweigen, Naturerleben, eine festgelegte Tagesordnung und gemeinsame Mahlzeiten standen auf dem Programm. Ich meldete mich an.

Die Einkehrtage begannen stets mit einer Einführung. Anschließend gab es eine Meditation, die in die Stille führte. Jeder konnte seinen Gedanken nachhängen und war in der Gruppe trotzdem nicht allein. Die Tage wurden durch gemeinsame Mahlzeiten und festgelegte Kurzandachten in einer alten Kirche strukturiert. Die Mahlzeiten wurden schweigend eingenommen, so konnten wir uns ausschließlich auf die Speisen konzentrieren. Wir spürten, welche Nahrung uns guttat und wann sich ein Sättigungsgefühl einstellte. In der Stille liegt eine gute Möglichkeit, Dankbarkeit für die Speisen zu empfinden.

Daneben gab es genügend Zeit, für sich allein den Garten zu erkunden oder in der Gruppe durch einen nahe gelegenen Wald zu pilgern. Ich fand beides sehr schön, und bald konnte ich feststellen, dass sich allmählich mein Zugang zu den Pflanzen veränderte. Besonders das Pilgern hatte es mir angetan. Der Pilgerschritt – zwei Schritte vor, ein Schritt zurück – sorgte für eine Entschleunigung, sodass ich im Wald alle Einzelheiten wahrnahm. Ich fühlte mich rundum geborgen und spürte einmal mehr: Bäume haben uns sehr viel zu geben. Die Eichen strahlten eine so enorme Kraft aus, ich konnte auf einmal begreifen, bildlich gesprochen mit Händen greifen, dass sie in fast jeder Kultur als heilig betrachtet wurden. Doch nicht nur die Bäume im Wald nahm ich deutlicher wahr, auch die Kräuter am Waldboden machten uns Pilgernde auf sich aufmerksam. Die Gundelrebe mit ihren bläulich violetten Blüten zog mich immer wieder an. Sie hat eine unscheinbare und zwergenhafte Gestalt und ist doch äußerst lebendig. Als Heilpflanze wirkt sie körperlich und seelisch stark ausgleichend und erwärmt Leib und Seele. Aus diesem Grund wird sie als Tee bei leichten Atemwegserkrankungen getrunken oder äußerlich zur Waschung schlecht heilender Wunden verwendet.

Auch wenn wir die Wirkungs- und Verwendungsmöglichkeiten der Pflanzen nicht direkt sehen können, helfen Schweigen und Pilgern doch, das Wesen der Pflanzen genauer zu erkunden. Die Einkehrtage gefielen mir so gut, dass ich sie mehrmals wiederholte. Ich lernte dort, mich wirklich zu zentrieren – eine wichtige Voraussetzung für Erkenntnisse aller Art.

### Die Stimme der Pflanzen

*Der Landbau der Zisterzienser ist uraltes Erbe. Dreifelderwirtschaft, Mischkulturen, Gründünger, Mulchen, organische Düngung, Hochbeete, Kompost, Wasser sparende Pflanzenkulturen, künstliche Bewässerung, Saatgutgewinnung und viele andere Dinge sind ihr Erbe. Pflegt eure Böden, haltet sie fruchtbar und begegnet uns Pflanzen mit Respekt und Dankbarkeit. Ihr könnt Achtsamkeit für uns steigern, indem ihr meditiert, schweigt oder pilgert. Zentriert euch, dann werdet ihr feststellen, was für eine Ausstrahlung wir Pflanzen haben. Ihr könnt das direkt in euren Gärten spüren!*
*Wir Kräuter sprechen alle Sinne in euch Menschen an. Wenn ihr uns wirklich wahrnehmt, können wir euch in vielen Lebenslagen gut helfen. Weise Frauen, Hexen, Zauberer, Druiden und Schamanen kannten das Wesen und die Wirkung der Kräuter und gaben Impulse für eure Volksheilkunde. Ihr Menschen habt dafür gesorgt, dass es heute so viele Kräuter bei euch gibt. Ihr habt einige von uns aus dem Süden eingeführt und in Klöstern gepflanzt.*

*Dort fanden wir sehr gute Bedingungen und konnten uns etablieren. Außerdem habt ihr Kräuterbücher weit verbreitet. Dort findet ihr viele unserer Geheimnisse beschrieben, und die könnt ihr nutzen. Später wurden die Bücher Impulsgeber für eure Wissenschaft. Es gab eine große Frau unter euch, Hildegard von Bingen. Sie war Visionärin und erkannte die Zusammenhänge zwischen ausgewogener Ernährung und Gesundheit. Auch einige von uns Kräutern hat sie durch Visionen für euch entdeckt. Es gibt viele Zeichen in der Natur, wir Pflanzen zeugen davon. Meditationen und Stille helfen euch dabei, eure Intuition zu schärfen, und Achtsamkeit führt euch zu euren Pflanzen. Lasst euch wieder mehr auf uns ein, dann könnt ihr die Kreisläufe der Natur wieder besser verstehen!*

# VERBUNDENHEIT MIT DEM AUSSERGE-WÖHNLICHEN

Klöster und ihre Pflanzen entführten mich in eine ganz eigene Welt, sie nahmen mich mehr und mehr in Anspruch – und insbesondere wollte ich mein Wissen über Pflanzen, die einst für rituelle Handlungen und zum Zaubern verwendet wurden und die dann zu Symbolpflanzen avancierten, besser kennenlernen. Ich begann, viel über sie zu lesen, und tauchte in einige ihrer Geschichten ein.

### Zauberpflanzen aus alter Zeit

Pflanzen wurden häufig Gottheiten gewidmet, als Zauberpflanzen benutzt, und manchmal war auch beides der Fall. Quendel (*Thymus serpyllum*) gehörte unbedingt dazu.

Quendel ist eine in Mitteleuropa heimische, niedrig wachsende Thymianart, die auf sonnigen Wiesen und auf Böschungen vorkommt. Bei den Germanen war er Freya, der Göttin der Fruchtbarkeit, gewidmet, und alte Bezeichnungen weisen auf seine Verwendung als Frauenkraut hin: Liebfrauenstroh, Seelchen der Mutter oder Our Lady's Bedstraw. Diese Namen folgen einer Legende, nach der sich Maria auf der Flucht nach Ägypten auf einem Bett voll Quendel ausgeruht haben soll. Weise Kräuterfrauen wiederum wussten, dass Quendel am Johannistag gesammelt werden musste, um ihn schwangeren Frauen als Tee zur Unterstützung bei der Niederkunft zu geben. Ihm wurde eine stark zauberabwehrende Wirkung zugesprochen, sollte als «Bettstroh» Mutter und Kind schützen. Außerdem wurde Quendel zu Kränzen gebunden und an Stall, Scheune und Wohnhaus aufgehängt, um die Bewohner vor Unheil und die Gebäude vor Blitzen zu schützen.

Die berühmteste aller Symbol- und Zauberpflanzen ist die Gemeine Alraune (*Mandragora officinarum*). Das Nachtschattengewächs mit den attraktiven Blüten trägt den Namen der altgermanischen Seherin Alruna. «Alruna» ist aber auch die althochdeutsche Bezeichnung für mystische Wesen wie Elfen, Kobolde und andere Gestalten, die Zauberfähigkeiten haben sollen und stets im Geheimen wirken.

Die Pflanze ist bei uns nicht heimisch, daher war ihr getrockneter Wurzelstock lange Zeit ein beliebtes Handelsobjekt. Die Alraune ist am Mittelmeer zu Hause und wächst dort vor allem auf Ödland und im Schutt. Im Frühling bildet sie eine Blattrosette, aus der bald gestielte, bläulich-weiße Blüten erscheinen. Später wachsen daraus Früchte, die an kleine Äpfel erinnern. Schon während der Blüte werden die Blätter gelb, und die Pflanze zieht bald ein. Von der Alraune ist bis zum nächsten Frühjahr dann nichts mehr zu sehen. Jetzt ist die Zeit der Wurzelernte. Beim Graben offenbaren sich Pfahlwurzeln, die meist gespalten sind und an Menschenbeine erinnern. In extrem langen Wurzeln wurden Kobolde gesehen, die Glück, Reichtum und Unbesiegbarkeit brachten. Klar war so, dass die Alraune einen sehr starken Pflanzengeist hatte. Aus diesem Grund wurde geraten, vor dem Ausgraben der Wurzeln bei der Pflanze um ein Einverständnis zu bitten und anschließend etwas Wertvolles zu opfern. Außerdem wurden die Wurzeln besonders achtsam behandelt. Hildegard von Bingen empfahl, sie einen Tag und eine Nacht lang in Quellwasser zu reinigen.

Die Wurzeln wurden sehr teuer gehandelt, denn ihr Besitz bedeutete Hausglück, Gesundheit, Kindersegen, Reichtum und Ehre. Es gab nichts, wofür die Alraune nicht verwendet wurde. Sie vermehrte Geld, schützte das Vieh und verhalf zu einem günstigen Prozessausgang. Die stolzen Besitzer der Wurzeln kleideten sie häufig wie Puppen und bewahrten sie in kostbaren Schachteln auf.

Im Mittelalter galt die Alraune als Führerin in eine andere Welt und wurde für Orakel, Astralreisen und Kontakt mit Ahnenkräften und Erdwesen eingesetzt. Gut vorstellbar, denn die Alraune ist stark giftig und voller psychoaktiver Tropanalkaloide. Die Wurzeln dürfen daher nur schwach dosiert und bei geöffnetem Fenster zum Räuchern verwendet werden.

Es gibt viele stark giftige Pflanzen. Einige wirken ebenfalls psychoaktiv und wurden im Mittelalter als Hexenkräuter genutzt. Bilsenkraut, Stechapfel, Tollkirsche, Schierling, Eisenhut, Alraune & Co. wurden zu Flugsalben verarbeitet, die man auf die Haut auftrug. Sie befähigten die Frauen dann zum Hexenflug. Nachvollziehbar war das schon, denn die alten Rezepturen beinhalteten pflanzliche Halluzinogene und Kräuter, die einen unregelmäßigen Herzschlag erzeugen konnten. In der richtigen Dosierung führten diese Salben ganz sicher zu Bewusstseinsveränderungen. So ist erklärbar, warum «Hexen» behaupteten, sie würden im Geist am Hexensabbat (Teufelstanz) teilnehmen, während ihre vorübergehend leblosen Körper zu Hause blieben. Sie stellten also mit Hilfe von Salben den Kontakt zu einer Welt außerhalb der für alle sichtbaren her. Selbstverständlich ist von Experimenten mit den genannten Pflanzen heute abzuraten, denn sie sind wirklich sehr stark giftig. Allein die Aufnahme geringer Mengen kann Lebensgefahr bedeuten!

Genauso berühmt wie die Alraune ist die Mistel (*Viscum album*). Sie ist ein Halbschmarotzer, der meist auf Obstbäumen oder alten Pappeln wächst. Besonders berühmt ist die Eichenmistel, doch sie kommt bei uns nicht oft vor. Die Mistel treibt Senker in das Holz der Wirtspflanze, die ihr Halt geben, zugleich wird sie so durch die Wirtspflanze versorgt. Sie ist immergrün, hat ledrige Blätter und war den Menschen immer etwas unheimlich.

Die Mistel wurde von keltischen Druiden als «alles heilend» angesehen, auch schrieben sie ihr die Fähigkeit zu, Böses abzuwehren. Weiterhin glaubten sie, dass ihre Zweige direkt vom Himmel auf die Bäume gefallen seien.

Die Signatur der Mistel ist ebenfalls spannend: Eine Pflanze, die auf Bäumen wächst, kann nicht auf die Erde fallen, und so wurde die Mistel zumindest im Mittelalter als Mittel gegen die Fallsucht (Epilepsie) eingesetzt. Im Volksbrauch galt sie als Zauberpflanze schlechthin. Mistelamulette verhinderten Verhexung und wurden im ländlichen Raum gegen «den bösen Blick» getragen. Außerdem galt die Mistel als Glücksbringer und als Fruchtbarkeitssymbol. Fand ein Mädchen eine Mistel im Apfelbaum, stand eine baldige Hochzeit in Aussicht. Vor allem in England ist es Brauch, Mistelzweige an die Decke zu hängen, um sich darunter Glück zu wünschen. Ein Mädchen, das unter einem Mistelzweig steht, darf von einem Mann geküsst werden – und das kann der Beginn einer glücklichen Ehe sein (muss es aber nicht).

Zauberpflanzen wurden sehr vielfältig eingesetzt. Die Wegwarte brachte Schutz und Glück und der Salomonsiegel Geld. Die Christrose galt als Unsterblichkeitselixier, und das Bilsenkraut gehörte in Hexensalben. Doch wie kamen die Menschen darauf, die Pflanzen entsprechend zu verwenden? Einst war man fest davon überzeugt, dass Pflanzen beseelte Wesen seien. Man musste also mit der Pflanze reden und ihr sagen, warum man ihr Selbstopfer durch Ausgraben oder Abschneiden verlangte. Man erklärte ihr, gegen welches Leiden sie bei welchem Menschen helfen solle, und verstärkte ihre Kraft, indem man Zaubersprüche murmelte. Natürlich erforderten Selbstopfer immer auch eigene Opfer, und es war selbstverständlich, der Pflanze nach der Ernte in Form eines Geschenks zu danken. Das konnten kleine Gaben von Milch, Met, Honig, Bier oder einige Getreidekörner sein. In vielen indianischen Stämmen ist es heute noch üblich, nach der Ernte etwas Tabak als Opfer und Dank auszustreuen.

### Zauberpflanzen in Zaubergärten

Die alten Zauberkräuter fand ich so interessant, dass ich unbedingt mit ihnen arbeiten wollte. Pflanzen hatten, wie ich ja wusste, eine besondere Ausstrahlung, wenn sie an kraftvollen Orten wuchsen. Das konnten unberührte Naturlandschaften oder geschickt angelegte Gärten sein. Für die Präsentation von Zauberpflanzen dachte ich mir etwas Besonderes aus. Menschen für Pflanzenthemen zu sensibilisieren, das gelingt am besten in attraktiven Inszenierungen, realisiert an ungewöhnlichen Orten. Und daher wollte ich unsere Zauberpflanzen in einer Kirche vorstellen. Das machte am meisten Sinn, denn genau dort würde es mit Sicherheit zahlreiche Diskussionen geben. Schließlich hatten das Christentum und die Kirche massiv dazu beigetragen, dass alte Mythen und Bräuche in Vergessenheit gerieten oder zumindest eine neue, jetzt christliche Bedeutung erhielten.

Für dieses Vorhaben fand ich Partner und bekam die Erlaubnis, den Dom von Braunschweig in einen Zauberpflanzengarten zu verwandeln. Die Idee war nicht, einen Garten am Dom anzulegen, sondern vielmehr wollte ich einen Garten in den Dom bauen. Das sei ungewöhnlich, fand der Domprediger, doch er gab seine Zustimmung und half sogar bei der Beschaffung von Fördergeldern, die das Projekt ermöglichen sollten.

Mein Vorhaben bestand darin, temporäre Gärten in das Gebäude zu bringen, die den Pflanzen ein Zuhause gaben. Die einzelnen Gärten waren etwa dreißig Quadratmeter groß und verteilten sich im gesamten Kirchenraum. Jeder Garten war individuell angelegt und beherbergte verschiedene Pflanzen.

Es gab einen in Form einer Energiespirale, die mit Kräutern gegen den bösen Zauber bepflanzt wurde. Dazu gehörte Oregano (*Origanum vulgare*), auch Dost genannt, einst eine wichtige Pflanze zum Schutz gegen Hexen und Teufel. Dieses aromatische Kraut wächst bei uns überall, wo die Sonne ihre Kraft voll entfalten kann, zum Beispiel an Böschungen, Waldrändern und auf trockenen Wiesen. Früher nannte man den Dost auch «Wohlgemut», weil die Pflanze offenbar Freude in jedem Menschen erweckte. Der Teufel wurde mit Dost vertrieben, wenn er junge Mädchen verführen wollte. Die Pflanze sollte vor allem dann zauberabwehrend wirken, wenn man sie mit anderen Kräutern kombinierte. Zum Beispiel mit dem Johanniskraut, der Sonnenpflanze schlechthin.

Als ein anderes Kraut gegen den bösen Zauber galt der Beifuß (*Artemisia vulgaris*), der ab dem Johannistag blüht. An diesem Tag wurden Kränze von Beifuß gebunden und im Haus oder im Stall aufgehängt, um Dämonen abzuwehren und Unheil zu vertreiben. Beifuß ist auch eine stark wirksame Räucherpflanze, die auf fast jedem Boden gedeiht (selbst auf Schutthalden, an Bahndämmen oder Straßenrändern). Kräuterkundige Menschen sagten ihr vielfach nach, die Pflanze könne gut mit Strahlen und Energien umgehen. Also wurde sie in der Vergangenheit verwendet, um aufziehende Gewitter zu schwächen. Außerdem galt sie als stärkend und wurde eingesetzt, um spirituelle Kräfte zu entfalten, auch bei Fruchtbarkeitsritualen.

Für Räucherrituale war der Beifuß die Schutz-, Segens- und Reinigungspflanze und unterstützte alle Veränderungen im Leben. Beifuß-Rauch verstärkte die Intuition und förderte das Traumbewusstsein. Die Pflanze schien also das ideale Kraut zum rituellen Räuchern zu sein, wenn es darum ging, Übergänge im Leben zu unterstützen.

Eisenkraut (*Verbena officinalis*) gehörte ebenfalls in diesen Garten, denn als Zauberkraut hatte es eine lange Tradition. Es war dem germanischen Gott Thor geweiht, der Blitz und Donner beherrschte und der Erde Regen schenkte. Eisenkraut wurde vorbeugend um das Feld gesteckt, damit gar nicht erst Unwetter aufzogen. Außerdem gab man es jungen Müttern, um sie und ihr neugeborenes Kind vor bösen Geistern zu schützen. Der Liebstöckel fand ebenfalls hier seinen Platz, denn er, so die frühere Annahme, wehrte Unheil jeglicher Art ab. Die Liste der Kräuter war noch viel länger, jedes hatte seine ganz eigene Qualität. Ich fand es bemerkenswert, dass die meisten dieser alten Zauberpflanzen heute zu unseren wirksamsten Heilpflanzen zählen.

Neben dem Garten gegen den bösen Zauber gab es einen Glücksgarten, einen Garten der Erinnerung, einen Hexengarten und einen der Liebe. Der Garten der Liebe zog mit seiner enormen Ausstrahlung die meisten Menschen an. Seine Rückseite bildeten eine große Eiche und eine Linde. Die Eiche sollte als Sinnbild der Standhaftigkeit und Männlichkeit gesehen werden und die Linde für Ehre, Güte und Bescheidenheit.

Eines der wichtigsten Kräuter im Liebesgarten war der Frauenmantel (*Alchemilla vulgaris*). Die weisen Frauen weihten ihn Freya, der germanischen Göttin, der Hüterin der Häuslichkeit und Spenderin des Kindersegens. Druiden wertschätzten das Kraut ebenfalls. Frauenmantel scheidet durch seine feinen Poren am Blattrand Wasser aus, das als natürliches Destillat galt und von Druiden und Alchemisten des Mittelalters sehr begehrt war. Daher wurde die Pflanze auch Alchemilla genannt. Im Christentum wurde das Kraut der Jungfrau Maria zugeordnet, denn man sah in ihm die ideale Marienblume. Es konnte die Fruchtbarkeit einer Frau stärken, dabei helfen, Blutungen zu stillen sowie Wunden zu heilen. Ein starkes Kraut für die Frau im Wochenbett!

Im Garten der Liebe war auch der Efeu (*Hedera helix*) ein wichtiges Gewächs. Die antiken Griechen weihten ihn dem Gott Dionysos, der sich mit seinen Ranken vor den rachsüchtigen Blicken der Hera gerettet haben soll. Dionysos war ebenso der Gott des Weines, und noch heute kennen Winzer diese Sage. Sie schmücken ihre Trinkstuben mit Efeuranken, um den Wein zu schützen. Efeu galt als Pflanze der Treue, denn was er einmal umschlungen hatte, gab er nicht wieder frei. Zur Erinnerung an dieses Treuebewusstsein wird er bis heute in Hochzeitssträuße eingebunden.

Nicht fehlen durfte der Salbei, jenes Universalheilmittel, das als Symbol der Unsterblichkeit herhielt und zu Wundmixturen, Lebenselixieren und Jungbrunnenwässerchen verarbeitet wurde. Salbei erfreute sich allergrößter Wertschätzung, wie ein Satz aus dem Heilkräuterwesen der Medizinschule von Salerno zeigt: «Warum soll der Mensch sterben, wenn Salbei in seinem Garten wächst?» Natürlich wuchs hier auch die Rose (*Rosa gallica ‹Officinalis›*), das Symbol für Schönheit, Liebe und Perfektion und damit das klassische Sinnbild einer Venuspflanze. Ihr betörender Duft wurde als Aphrodisiakum geschätzt, noch heute soll er helfen, einen geliebten Menschen zu erobern.

Zauberpflanzen sind vielschichtig wie das Leben. Die Gärten im Dom wurden von vielen Menschen besucht. Sie waren neugierig auf die Pflanzen und die mit ihnen verbundenen Geschichten. Gärten und Pflanzen hatten es geschafft, jeden einzelnen Besucher in eine andere Welt zu entführen! Es ist schön, wenn sich

Menschen mit Brauchtum und Symbolpflanzen beschäftigen, denn meist stecken in den alten Geschichten viele Wahrheiten. Man erkennt es daran, dass mittlerweile bei vielen «alten» Kräutern wirksame Inhaltsstoffe nachgewiesen werden konnten.

## Pflanzensymbole und ihre Bedeutung

Die Pflanzensymbolik ist ein riesiges Feld, doch es lohnt sich, etwas mehr in das Thema einzutauchen. Ihre Kenntnis ist wichtig, um das Wesen der Pflanzen besser zu verstehen. Pflanzen galten ja von jeher als Sitz der Götter und Geister, und Bäume versinnbildlichten Lebendigkeit, da sie wachsen und vergehen. Folgerichtig wurde der Baum zum Lebenssymbol schlechthin. Bis heute wird der Maibaum als Fruchtbarkeitssymbol angesehen. Er stellt die im Frühjahr erwachende Vegetation dar, und in manchen Gegenden war es Brauch, dass Kinder mit Zweigen durch das Dorf zogen, um das Vieh zu schlagen. Man glaubte, damit übertrage sich die Vitalkraft der Bäume im Frühjahr auf die Tiere.

In dieser Symbolik stellen sich Pflanzen als Übermittler energetischer Kräfte dar. Das ist vielleicht nachvollziehbar für jeden, der schon einmal einige Minuten an einen Baum gelehnt oder ihn gar umarmt hat. Bäume schenken Kraft! Doch diese Energien unterscheiden sich stark voneinander, und so symbolisieren Bäume unterschiedliche Qualitäten: Eichen stehen für Sieg und Kraft und Fichten für die Zeugungskraft der Erde. Eschen für die Liebe und die Eiben für Melancholie und Einsamkeit. Zypressen und Pappeln für die Trauer und Ulmen für den Tod. Der Apfel verkörpert Erdhaftigkeit, Vollkommenheit und Schönheit und die Quitte Glück, Liebe und Fruchtbarkeit.

Auch Blumen sind starke Pflanzensymbole. Die Rose ist ein Sinnbild für Liebe, Freundschaft und Tod und die Lilie für Reinheit und Unschuld. Das Veilchen für die Sittsamkeit und das Vergissmeinnicht für Liebe und Freundschaft. Der Mohn für Tod, Schlaf und Fruchtbarkeit und Tagetes allein für den Tod.

Häufig nutzen wir diese Symbolik, ohne darüber nachzudenken. Wir pflanzen Bäume, weil wir sie gern mögen, verschenken Blumen und gestalten Gräber. Wenn wir die Symbolik der Pflanzen kennen, können wir uns selbst besser verstehen!

### Orakelpflanzen zur Orientierung

Zu den Symbolpflanzen zählen auch Orakelpflanzen. In der Vergangenheit wurden sie häufig genutzt, um Zukünftiges zu erfahren und sich dann gut darauf vorzubereiten. Noch heute haben diese Pflanzen eine Bedeutung, denn sie bilden eine wichtige Grundlage für die Erstellung des Bauernkalenders. Auch Mond, Tierkreiszeichen und Planeten spielen eine große Rolle.

Die Orakelpflanzen wurden früher etwa befragt, um zu erfahren, wie das Wetter und die Ernte im kommenden Jahr ausfallen werden. Christrosen sind ein gutes Orakel für beides. Wenn sie im Garten genau an Weihnachten blühen, ist das ein sehr gutes Zeichen für die nächste Ernte. Außerdem gibt es den Brauch, zwölf Blüten, noch knospend, den kommenden zwölf Monaten zuzuordnen und ins Wasser zu stellen. Öffnet sich die Blüte, ist das positiv für den jeweiligen Monat zu deuten, bleibt sie geschlossen, eher nicht.

Barbarazweige sind bis heute bekannt und beliebt. Am 4. Dezember (Barbaratag) werden Kirschzweige geschnitten und im warmen Zimmer in eine Vase gestellt. Blühen sie bis Weihnachten auf, ist ein fruchtbares und glückliches Jahr zu erwarten. In unseren aktuell milden Wintern funktioniert das Orakel leider nicht mehr so genau. In den letzten Jahren gab es vor dem 4. Dezember kaum Frostnächte, die der Kirschbaum aber unbedingt braucht, um die Blütenknospen anzusetzen.

Der Odermennig ist eine heimische Wild- und Heilpflanze und wurde als Saatorakel genutzt. Saatorakel waren besonders wichtig, denn jeder Bauer oder Gärtner weiß, dass es äußerst günstige und weniger günstige Zeiten für die Aussaat gibt. Die Blütenbildung des Odermennigs im Sommer gibt darüber Auskunft, wann im nächsten Frühjahr die beste Aussaatzeit ist. Weist die Spitze des Blütenstands viele gelbe Blüten aus, so hieß es, darf man eine frühe Aussaat wagen, sind die Blüten weiter unten am Stängel verdichtet, ist es besser, etwas zu warten.

Veilchen waren wichtig für die Prognose der Ernte. Blühten sie vor dem 19. März (Josefi) und schlugen auch die Buchen vor dem 30. April (Walpurgis) aus, war mit einer frühen Ernte zu rechnen. Hundsrose, Holunder und Maiglöckchen wurden ebenfalls als Ernteorakel genutzt.

Besonders wichtig war das Winterorakel, denn es war für die Menschen existenziell, sich vor dem Winter zu schützen. Trugen Haselnüsse, Eichen, Schlehen und Brombeeren reiche Früchte, bedeutete dies, dass ein langer und kalter Winter vor der Tür stand. Auch die Königskerze gab Auskunft über den kommenden Winter. Viele Blüten, die weit unten am Stängel trieben, wiesen auf frühen Schnee hin, und zahlreiche Blüten in der Spitze orakelt Schnee im Frühjahr. Im Zeitalter der Erderwärmung müssen wir uns natürlich fragen, ob solche Regeln überhaupt noch irgendeine Geltung haben können, denn seit einigen Jahren sind die Winter nicht mehr wirklich kalt.

Mit dem Wetterorakel ist es viel einfacher, wie wir in jedem Sommer an der Ringelblume erkennen können. Die sonnenliebenden Blüten öffnen sich am frühen Morgen in Erwartung der

Sonne und schließen sich gegen siebzehn Uhr, wenn die Sonneneinstrahlung abnimmt. Bleiben die Blüten auch am Morgen geschlossen, ist laut Ringelblumenorakel im Tagesverlauf Regen zu erwarten. Eine einfache Botschaft der Pflanzen!

## Schamanismus schafft Balance

Neben den Symbol- und Zauberpflanzen existieren in fast allen Naturvölkern schamanistische Praktiken. Bei diesen spirituellen Lehren wurde eine lebendige Verbindung zur Natur entwickelt, die das Wohlergehen der gesamten Schöpfung im Blick hatte. Wesentliche Aspekte dieser Praktiken sind spirituelles Reisen, Zeremonien, heilige Tänze und Pilgerreisen zu den Kraftplätzen in der Natur. Ein Schamane ist also ein Vermittler zwischen dieser und der geistigen Welt. Er handelt im Auftrag der Gemeinschaft und leitet Zeremonien, heilt Krankheiten und führt Menschen auf ihrem spirituellen Weg. Schamanen tragen dazu bei, Balance und Harmonie auf persönlicher und globaler Ebene zu erreichen und diese auch zu erhalten. Im Schamanismus ist nicht nur die Gesundheit des einzelnen Menschen wichtig, sondern auch die der ganzen Gemeinschaft. Dazu gehören Menschen, Pflanzen, Tiere und das gesamte Leben. Ziel ist es, eine innere und äußere Harmonie mit der gesamten Schöpfung zu schaffen.

## Geomantie – das Wissen über die Kräfte der Natur

Zu den großen Geheimnissen auf der Welt gehört die Geomantie. Sie ist wie das Pflanzenwissen ein uraltes Wissen über die Kräfte der Natur. Geomantie ist die Lehre von der Wahrnehmung und dem Umgang mit dem feinstofflichen Energiesystem der Erde, der Natur und der Landschaft, eine Art Orakel oder Weissagung aus der Erde. Das Wort Geomantie setzt sich zusammen aus zwei Wortteilen: «Geo», was «Erde» bedeutet, und «Mantik»: Die Mantiken waren frühe, bei den Etruskern bekannte Schau- und Interpretationskünste. Letztlich ist die Geomantie die Kunst und die Wissenschaft der Ortsinterpretation.

In der Antike und im Mittelalter gab es Gelehrte, die in diesem Wissen geschult waren und zu Rate gezogen wurden, wenn Pyramiden, Tempel, Klöster oder Kathedralen gebaut werden sollten. Die Geomantie zählte zu den heiligen Wissenschaften und setzt beim Menschen eine sehr feine Wahrnehmungsfähigkeit voraus. Für alte Baumeister, Handwerker oder Landschaftsplaner war das Energiesystem der Erde ein selbstverständlicher Bestandteil des Bauens und des Gestaltens, denn das Gleichgewicht der Natur war für unsere Vorfahren von größter Bedeutung. Sie lebten in tiefer Verbundenheit mit der Erde. Ihnen war bewusst, dass die Erde beseelt, mit feinstofflichen Kräften belebt und geistig durchdrungen ist. Vor diesem Hintergrund verstehen wir einen alten Brauch viel besser: Es ist noch nicht lange her, dass Wasser mit Wünschelruten gesucht wurde.

Gestehen wir der Erde ein Energiesystem zu, verstehen wir besser, warum Orte existieren, die wir meiden, ohne dass wir uns erklären können, warum. Normalerweise schenkt uns die Natur überall Kraft, denn sie versorgt uns mit allem, was wir brauchen. Erfrischendes Wasser, sauerstoffreiche Luft, das wärmende Licht der Sonne und natürlich Nahrung. Und trotzdem gibt es Siedlungsbereiche, an denen sich Unwohlsein und Erkrankungen unerklärlich häufen. Viele Menschen haben einen Schlafplatz, an dem sie nicht entspannen können, und hatten schon die Idee gehabt, sie von einem Rutengänger oder Geomanten entstören zu lassen. Es sind auch Häuser und Firmen bekannt, in denen sich schlechte Umgangsformen und Stimmungen verbreiten. Dort fühlen wir uns einfach nicht wohl. Das hat damit zu tun, dass der Fluss der Lebensenergie der Erde vielerorts gestört oder ganz zum Erliegen gekommen ist. Unsere Erde ist nicht überall gesund, und der Mensch hat das Wissen um die Lebensenergie weitestgehend verloren. Er kann sie folglich nicht mehr zum Bauen, Gestalten oder zum Heilen nutzen.

Die meisten Menschen betrachten Erkrankungen als Folge von Umweltproblemen und Umweltzerstörungen, die wenigsten von ihnen denken an die unsichtbare, feinstoffliche Struktur unserer Erde. Vielleicht sehen wir uns deshalb kaum in der Lage, die Rodung von Wäldern, den Raubbau an den Böden und anderen Ressourcen oder auch den Klimawandel zu stoppen.

Mir ist klar, dass viele diesem Gedanken nicht folgen können, und doch macht es Sinn, sich genauer damit auseinanderzusetzen. Für eine wachsende Zahl von Menschen ist unsere Erde ein beseeltes Wesen und hat wie alle Lebewesen ein Energiesystem. Dieses besteht aus unterirdischen Wasseradern, Kraftfeldern und Energielinien und ist unsichtbar. Geomanten arbeiteten mit dieser Energie.

Das alte Wissen ist heute fast vollständig verlorengegangen, außer vielleicht in einigen keltisch geprägten Regionen in Großbritannien, der Bretagne oder in Irland. Das ist schade, denn aus Unkenntnis ist das Energiesystem der Erde nun vielerorts stark gestört, und die Menschen leiden darunter. Sie kennen den Grund nicht, und doch hat fast jeder schon einmal die wohltuende Wirkung eines energiereichen Orts am eigenen Leib erfahren. Steinkreise, Steinsetzungen, Naturheiligtümer, Klöster und manche Kirchen sind voller Lebensenergie, besonders wenn alte Bäume in der Nähe sind.

Bis vor etwa hundert Jahren wandten Garten- und Landschaftsarchitekten geomantisches Wissen an, selbst wenn es nicht immer offen kommuniziert wurde. Wasser, Steine, Hölzer und Bäume lenken Lebensenergie, und es ist daher nicht gleichgültig, wie sie im Park oder Garten angeordnet sind. Geomantische Gestaltung bedeutet, die Planung von Anlagen mit den Kenntnissen über kosmische Kräfte zu verbinden und so wohltuende Orte zu kreieren. Bei der Umsetzung haben markante Punkte in der Landschaft, der mineralische Untergrund, bestehende Bepflanzungen, Wasser oder Wasseradern und Steinsetzungen eine zentrale Bedeutung.

## Waldbaden schenkt Energie

Lebensenergie können wir in der Natur am deutlichsten spüren, ganz besonders im Wald. Wir fühlen uns tief mit ihm verbunden, für viele ist er ein Ort der Sehnsucht und Einkehr. Der Wald ist still, oft dunkel und verspricht Genesung sowie inneren Frieden. Das spüren Menschen schon lange, und mittlerweile haben es wissenschaftliche Untersuchungen bestätigt. Der Wald lindert Stresssymptome, stärkt das Immunsystem und hebt das innere Selbstwertgefühl innerhalb kürzester Zeit. Schon während eines kurzen Spaziergangs schlägt das Herz messbar ruhiger, der Blutdruck sinkt, und die Muskeln entspannen sich. Angespanntheit, Stress und Erschöpfung verschwinden, und positive Gefühle werden stärker.

Studien ergaben, dass Menschen, die in Waldgebieten leben, wesentlich seltener erkranken als Menschen in der Stadt. Das mag damit zusammenhängen, dass Menschen in einer urbanen Umgebung sehr vielen Reizen ausgesetzt sind und deshalb auf Dauer stark ermüden. Mentale Erschöpfung kann eine Folge sein. In der Natur hingegen wird die Aufmerksamkeit auf sehr wenige Reize gelenkt, und das trägt zu einer Erholung bei. Dieses Phänomen erleben wir auch beim Gärtnern, denn Pflanzen, speziell Bäume, stärken die seelische Widerstandskraft.

Kein Wunder, dass das Waldbaden zu einem Volkssport geworden ist, entstanden ist es in Japan, der japanische Ausdruck «Shinrin Yoku» ist ungefähr mit «Baden im Wald» zu übersetzen. Wissenschaftler haben anhand verschiedener Untersuchungen entdeckt, dass der Aufenthalt im Wald wie eine Art Aromatherapie wirkt. Durch das Einatmen der ätherischen Öle der Bäume wird unser Immunsystem gestärkt, Angstzustände, Depressionen sowie Wut werden verringert. Stresshormone werden abgebaut, und die Vitalität steigt. Dabei ist es nicht notwendig, sich beim Aufenthalt im Wald körperlich anzustrengen, ein gemütlicher Spaziergang reicht völlig aus.

Doch Wald ist nicht gleich Wald, denn alle Baumarten sprechen uns unterschiedlich an. Mir geben Birken- oder Kiefernwälder das Gefühl von großer Leichtigkeit. Die Bäume wachsen auf leichten Sandböden, und womöglich ist das der Grund, warum ich mich in diesen Wäldern leicht fühle. Dichte Buchenwälder machen mich eher nachdenklich und still. Sie wachsen auf fruchtbaren und tiefgründigen Böden. Eine Wanderung durch Buchenwälder hilft mir, wenn ich mich sortieren und einigen Dingen auf den Grund gehen muss. Fichtenwälder beflügeln meine Phantasie und schenken mir Klarheit. Sie wachsen auf felsigem Grund, und ich habe den Eindruck, dass Felsen die Klarheit noch verstärken. Sumpf- oder Auenwälder mit Eschen und Erlen erzeugen in mir dagegen ein eher schweres Gefühl. Sie sind an Flussufern auf nassen Böden zu finden, und ich habe immer das Gefühl, diese Wälder würden mich förmlich erdrücken.

Gut möglich, dass andere Menschen völlig anders empfinden, und das ist auch gut. Bleibt festzuhalten, dass Wälder Stimmungen erzeugen und einen großen Einfluss auf unser Seelenleben haben. Egal ob wir nur kurz spazieren gehen oder tagelang in ihm wandern, der Wald beeinflusst uns ungemein.

## Ein Apothekergarten entsteht

Alte Kräuter, Zauberpflanzen und Geomantie gehören zusammen, und ich verspürte den Drang, mich mehr damit zu beschäftigen. Schon bald gab es eine Gelegenheit dazu. Ich hatte ein Apothekerpaar kennengelernt, das mir immer wieder bei Ausstellungen mit Equipment aushalf. Auf ihrem Dachboden fand ich alte Bücher, Zeichnungen, Waagen, Mörser, Flaschen und Kräuterdosen, alles Dinge, die ich gebrauchen konnte. Sie teilten mir mit, dass sie vorhatten, eine neue Apotheke einzurichten, sie sollte auch einen Kräutergarten bekommen. Eine wirklich gute Idee, erklärte ich, und schon bald fanden sie das passende Haus. Es lag mitten in der Fußgängerzone und sollte zu einer City-Apotheke umgebaut werden. Das Haus war uralt und schien für eine Apotheke passend zu sein. Der besondere Clou war jedoch der Hinterhof, der dazugehörte. Ich wurde gebeten, den Standort zu prüfen und zu entscheiden, ob er für die Anlage eines Kräutergartens geeignet sei. Das tat ich gerne, denn ich mochte das Haus, und verlassene Hinterhöfe finde ich spannend.

Der Hof war nicht groß und voller Bauschutt, überwuchert mit Sämlingen von Bäumen und anderer Spontanvegetation. Er hatte die Form eines Fünfecks und war insgesamt etwa 400 Quadratmeter groß. Das kleine Grundstück grenzte an vier weitere Gebäude. Eine der Mauern war alt und aus Natursteinen erbaut. Der einzige Zugang in den Hof war durch das alte Gebäude, das umgebaut werden sollte. Das Gelände war regelrecht verwahrlost, und niemand konnte sich vorstellen, dort einen Garten anzulegen.

Schon bei der ersten Besichtigung spürte ich, dass der Hof der perfekte Platz für einen neuen Kräutergarten war. Das Ehepaar hatte den Wunsch, ihre neue Apotheke zum Garten hin zu öffnen und diesen ihren Kunden als Oase der Ruhe mitten in der Fußgängerzone anzubieten. Außerdem wollten sie das Thema Heilkräuter in ihrer Apotheke einbinden. Ich betrachtete das Grundstück zu verschiedenen Tageszeiten. Das war nötig, um die Lichtverhältnisse zu überprüfen, denn die Mauern waren mehrere Meter hoch. Das minderte den Lichteinfall, und es war nicht sofort klar, ob es genug Sonne für die Heilkräuter gab. Im Hof selbst machte ich sonnige, halbschattige und schattige Standorte aus und ganz unterschiedliche Kleinklimazonen. Das Grundstück war überwuchert von Gras, Ackerwinde, Brennnesseln, Beifuß, Holunder und Hopfen, ein Zeichen dafür, dass der Untergrund recht nahrhaft war. An der lichtarmen Nordseite wuchs eine Weide. Efeu erklomm die Mauern und war ein guter Nistplatz für Vögel, die diesen verlassenen Hof offensichtlich liebten.

Rasch begann ich, erste Entwürfe für einen Kräutergarten zu skizzieren. Ein feldähnliches Beet kam nicht in Frage, denn es gab nicht überall genügend Sonne. Nur ein begrenzter Raum des Gartens konnte genutzt werden, um dort Kräuter anzubauen. Ich schlug ein kreisrundes Beet vor, das ein Medizinrad symbolisierte. Der Platz reichte für einen Durchmesser von zehn bis zwölf Metern. Ich empfahl, besonderen Wert auf die Bodenqualität zu legen. Nach einigen Probegrabungen im Garten stand fest, dass Teile des Bodens ausgetauscht werden mussten. Zumindest dort, wo das Medizinrad entstehen sollte. Der vorhandene Boden war voller Verdichtungen und Schutt, und das wahrscheinlich schon seit dem Zweiten Weltkrieg. Etwa 80 Zentimeter wurden ausgehoben, darunter tief gelockert. Anschließend wurde das Beet aufgezeichnet und mit Cortenstahl fixiert. Corten ist ein moderner Baustoff, den wir bewusst wählten, da Gartenanlagen immer von gegensätzlichen Spannungsfeldern leben. Die alten Gemäuer vertrugen eine minimalistische Gartenanlage mit modernen Baustoffen gut, und die wild wuchernden Kräuter bekamen einen festen Rahmen.

Das runde Beet wurde weiter unterteilt. Wir viertelten es mit Stahlkanten, und es bekam eine kreisrunde Mitte. Jedes einzelne Viertel wurde noch einmal gedrittelt, zum Schluss hatte das Stahlgerüst die Form einer Torte. Die einzelnen Tortenstücke wurden mit gutem Mutterboden gefüllt, wichtigste Voraussetzung für das Wachstum von gesunden Kräutern. Außerhalb des Beets wurde Kies aufgefüllt oder gepflastert, und es wurden Pergolen an die Mauern gebaut. Unter ihnen gab es Sitzplätze mit Blick auf das Kräuterbeet. Schon in der Bauphase war zu erkennen, dass alle Proportionen stimmten, und es entstand ein wirklich interessanter Kräutergarten.

### Keltisches Medizinrad als Vorbild

Die Kreisform des Beets steht für die Unendlichkeit, denn es gibt weder Anfang noch Ende. Unser Kräuterbeet im Apothekergarten entspricht also dem keltischen Jahreskreis. Ein wichtiges Symbol, denn wir wissen, dass die Kelten die Zeit als Kreis empfanden und nicht linear. Innerhalb eines Jahreskreises gab es die Monatskreise, darin wiederum die Tages- und Stundenkeise. Ein Jahr hatte zwölf Monate, der Tag zwölf Stunden, es gab zwölf Tierkreiszeichen usw. Die Hauptachsen des Beets richteten wir entsprechend der Himmelsrichtungen aus, sie sollten für den Kreis des Jahres stehen: Wintersonnenwende, Frühjahrstagnachtgleiche, Sommersonnenwende, Herbsttagnachtgleiche. Ebenso für den Kreis des Monats (Neumond, Halbmond, Vollmond, Halbmond) sowie den Kreis des Tages (Abend, Mitternacht, Morgen, Mittag). In der Mitte wurde ein großer Stein aufgestellt, der an einen Monolithen erinnerte. Er war durchbohrt und sollte als Quellstein genutzt werden. Eine

Seite des Steins symbolisierte Feuer, die andere Luft. Der Stein war also das Symbol für drei Elemente: Feuer, Wasser und Luft. Hinzu kamen die Beete für das Element Erde.

Gespickt mit dieser Symbolik hatte der Garten schon vor der Bepflanzung eine tolle Ausstrahlung, und diese wurde durch die Pflanzen weiter intensiviert. Wir entschieden uns für keltische Heilkräuter wie Baldrian, Beinwell, Johanniskraut, Kamille, Malve, Minze, Odermennig, Schafgarbe und Spitzwegerich. All diese Kräuter spielen auch heute noch als Heilpflanzen eine große Rolle. Ergänzt wurden sie durch mediterrane Kräuter. Durch genügend Platz konnten sich die teilweise starkwüchsigen Kräuter ausbreiten.

Zu den wichtigsten Pflanzen zählte für uns der Echte Beinwell (*Symphytum officinale*). Das Kraut ist eine mehrjährige Pflanze und wächst in den gemäßigten Zonen Europas auf nassen Wiesen und an Gräben. Beinwell treibt Ausläufer und wird 90 bis 100 Zentimeter hoch. Aus der fleischigen Pfahlwurzel wachsen große Blätter und im Sommer rot-violette Blüten. Dioskurides nutzte die Pflanze, insbesondere Wurzelumschläge, zur Behandlung von inneren Blutungen, Abszessen, Wunden, Verletzungen und Knochenbrüchen. Es ist daher kein Wunder, dass der Gattungsname des Krauts auf das griechische Wort *symphyein* (zusammenwachsen) zurückzuführen ist. Auch die deutsche Bezeichnung weist auf seine Verwendung als Heilkraut bei Verletzungen hin. Hildegard von Bingen nannte die Pflanze «Consolida» und empfahl sie ebenfalls zur Heilung von Wunden und Knochenbrüchen. Sie war sich weiterhin der Giftigkeit der Pflanze bewusst und warnte vor einer innerlichen Anwendung des Krauts. In alten englischen Kräuterbüchern wurde Beinwell als Mittel gegen Wunden und Geschwüre erwähnt sowie als blutreinigendes Gemüse.

Irgendwann gerieten die Kenntnisse um die heilenden Kräfte

der Pflanze jedoch in Vergessenheit. Erst Anfang des 20. Jahrhunderts wurde die Wirkung des Beinwells neu bestätigt, denn Beinwellzubereitungen wirken entzündungshemmend, wundheilungsfördernd und reizmildernd. Umschlagpasten und Salben werden heute zur Behandlung von Sportverletzungen (Blutergüsse, Prellungen, Verstauchungen), Knochenhauterkrankungen, Venenentzündungen und rheumatischen Gelenkerkrankungen verwendet. Vorsicht: Die Pflanze ist schwach giftig und damit nicht essbar. Salben und Umschläge dürfen nur bei intakter Haut aufgelegt werden.

In einem anderen Feld des Medizinrads pflanzten wir Malven. Die Wilde Malve (*Malva sylvestris*) ist eine zwei- bis mehrjährige Pflanze. Sie stammt aus dem Mittelmeergebiet und besiedelt heute weite Flächen in Europa. Aus dem fleischigen Wurzelstock treiben zunächst Blätter und später ein aufrecht wachsender, stark verzweigter, bis 120 Zentimeter hoher Blütenstand mit violett-rosa Blüten. In der Natur gibt es Malven sehr häufig, sie zählen zu unseren ältesten Nutzpflanzen und waren bereits im Altertum anerkannte Arzneipflanzen. Ihr Name stammt vom griechischen Wort *malasso* («erweichen») ab. In der Bibel heilte der greise Simon seine Augen mit einem Extrakt der Malvenwurzel. Auch der griechische Geschichtsschreiber Hesiod erwähnte die Malve um 700 v. Chr., und Dioskurides setzte die Wilde Malve bei Darmträgheit, Gebärmutterleiden und Insektenstichen ein. Demnach war schon damals ihre entzündungshemmende und schleimhautschützende Wirkung bekannt. Wegen des geschwürerweichenden Effekts wurden Malvenblätter zum Symbol für die Bitte um Vergebung. Malven galten immer auch als Aphrodisiakum. Xenokrates, ein Arzt des römischen Kaisers Tiberius, behauptete, dass Malvensamen, über die Genitalien gestreut, die Lust des Mannes steigern würden (Schwellkraut).

Im Volksmund hieß die Malve «Pisskraut», denn sie wurde für eine Frühform eines Schwangerschaftstests verwendet. Frauen urinierten auf die Blume. Verdorrte diese nach einigen Tagen, waren sie nicht schwanger, blieb sie grün, war das Gegenteil der Fall. Das Kraut galt weiterhin als Wahrheitsdroge und wurde zur Feststellung der Unschuld verwendet. Außerdem wurde die Malve verräuchert, um Fruchtbarkeit zu erlangen und gesunde Kinder zu gebären, manchmal tat man das auch als Schutz vor Krankheit. Hildegard von Bingen gab der Pflanze den Namen «Babela» und empfahl dem Magenkranken ein Mus aus Malven zur Förderung seiner Verdauung. Allerdings riet sie davon ab, die Malve roh zu essen, sie hielt sie für giftig und zu schleimig. Der aus dem Loire-Tal stammende Mönch Odo Magdunenis beschrieb die Pflanze in seinem Buch *Macer floridus*, einem mittelalterlichen Standardwerk der Kräuterheilkunde, und favorisierte die Malve als Abführmittel. Weiterhin nutzte er die Blätter, zerstampft und mit Weidenblättern vermischt, als Umschläge bei blutenden Wunden. Auch Fieber, Schwindsucht, Verhärtungen der Gebärmutter und Augengeschwüre wurden mit Malven behandelt.

Malven wirken reizmildernd und wegen ihres hohen Gehalts an Gerbstoffen zusammenziehend. Daher werden Blätter und Blüten heute als Tee oder in Teemischungen bei Entzündungen der oberen Luftwege, bei Heiserkeit, Reizhusten oder Schleimhautreizungen im Mund- und Rachenraum verwendet. Die Blätter wirken leicht abführend und helfen bei Darmreizungen. In der frühen Volksheilkunde wurde die Malve, äußerlich eingesetzt, auch als Wundmittel genutzt und als abschwellendes Mittel bei Insektenstichen.

Selbstverständlich durfte der heimische Odermennig (*Agrimonia eupatoria*) im Medizinrad nicht fehlen. Er ist eine mehrjährige Pflanze und wächst auf Weiden, an Waldrändern, an Gebüschen und Zäunen. Die Staude wird bis 60 Zentimeter hoch und blüht gelb von Juni bis September.

Odermennig zählt zu berühmtesten und ältesten Heilpflanzen der Welt. Die antiken Ägypter setzten das Kraut gegen allerlei Beschwerden ein. Die griechischen und römischen Ärzte empfahlen es als Wundmittel, als Mittel gegen die Ruhr und manchmal auch als Gegengift bei Schlangenbissen. Außerdem war Odermennig als Mittel gegen Lebererkrankungen bekannt. Hildegard von Bingen beschrieb seine stopfende, desinfizierende und reizlindernde Wirkung. Sie setzte ihn als Fiebermittel ein sowie bei Entzündungen des Mund- und Rachenraums, bei Hauterkrankungen und inneren Erkrankungen. Die Pflanze galt auch als Kraut der Sänger, denn ein Tee aus Odermennig wurde wegen seines hohen Gerbstoffgehalts zur Pflege der Stimmbänder getrunken.

Die antiken Griechen verehrten die Pflanze so sehr, dass sie sie der Göttin Athene weihten. Als Heil- und Zauberpflanze wurde Odermennig eingesetzt, um böse Gedanken und Energien zu vertreiben.

Die frühe Volksheilkunde – sie bezeichnete die Pflanze als «Heil aller Welt» – empfahl Odermennig-Tee bei Appetitmangel und Magen-Darm-Beschwerden oder als Gurgelmittel bei entzündeter Rachenschleimhaut. Äußerlich wurde der Aufguss als Umschlag, zur Waschung oder als Badezusatz bei Wunden, Abschürfungen, Ekzemen und Verbrennungen verwendet.

Außerdem hatten wir die Schafgarbe (*Achillea millefolium*) im Medizinrad angesiedelt. Die Schafgarbe ist eine mehrjährige Pflanze, die auf Wiesen der gemäßigten Zonen der Nordhalbkugel zu Hause ist. Die Staude wird bis 80 Zentimeter hoch und blüht im Sommer weiß. Ihr Gattungsname Achillea geht auf Achilles zurück, den sagenhaften Helden aus Homers *Ilias*. Der Legende nach soll das Kraut aus dem rostigen Speer des Achilles entstanden sein, einem Speer, der nicht nur verletzen, sondern auch heilen konnte. Dioskurides nannte die Schafgarbe «Tausendblättriges Soldatenkraut» und setzte sie als Wundkraut ein. Auch keltische Druiden nutzten die Pflanze zur Heilung von Wunden und kannten sie als Orakelpflanze, um Wetter vorherzusagen. Außerdem galt die Schafgarbe als Schutzpflanze, als Liebeskraut, und sie half dabei, die Intuition zu stärken und Hellsichtigkeit zu fördern. Im Volksglauben wehrte man mit ihr den Teufel ab, Unheil, Geister und anderen Schaden. In Mitteleuropa wurde sie erstmals in den Klostergärten des Mittelalters angebaut.

Schafgarbe ist bis heute eine der beliebtesten Pflanzen in der Volksheilkunde. Das Kraut gilt als harntreibend, stoffwechselanregend, entzündungshemmend, antiseptisch und krampflösend. Blüten und Blätter werden als Tee bei leichten krampfartigen Magen-Darm-Galle-Störungen, zur Appetitanregung oder bei Menstruationsbeschwerden verwendet. Als Wundkraut ist es etwas in den Hintergrund geraten.

Mit dem neu angelegten Apothekergarten waren wir alle zufrieden, und der Gedanke, eine Oase für gestresste Stadtbesucher zu schaffen, schien perfekt zu sein. Von Anfang an lud der Garten zum Entspannen und Nachdenken ein.

## *Die Stimme der Pflanzen*

*Einst wurde mit uns Pflanzen geredet, und ihr Menschen habt uns gesagt, wogegen wir helfen sollen. Ihr nanntet diese Gespräche Zaubersprüche. Wir halfen euch, und nach der Ernte erhielten wir als Zeichen der Wert-*

*schätzung ein kleines Geschenk. Ihr kanntet Zauberpflanzen gegen Krankheiten, böse Geister, gegen Blitz und Donner und habt sie als Symbol für Treue, Unsterblichkeit, Schönheit und Liebe betrachtet. Die alte Symbolik ist gespickt mit Wahrheiten, die ihr oft erst erkennt, wenn ihr uns genauer untersucht. Eine andere Aufgabe übernehmen wir als Orakelpflanzen. Wir zeigen Klima und Wetter an und geben euch Hinweise auf Saatzeit und Ernten.*

*Geomantie ist die Lehre vom Gleichgewicht in der Natur und zeugt von tiefer Verbundenheit mit der Erde. Sie beschäftigt sich mit dem feinstofflichen Energiesystem unseres Planeten. Ist das System gestört, fühlen wir uns nicht wohl. Auch Menschen können dieses System wahrnehmen und damit arbeiten. Das Medizinrad ist ideal, um durch seine Form die Gesetze der Natur zu erfassen. Schamanen handeln intuitiv und haben eine lebendige Verbindung zur Natur. Sie sind zuständig für die Gesundheit der gesamten Schöpfung und schließen Menschen, Tiere und uns Pflanzen in ihren Ritualen ein.*

# JENSEITS VON WISSEN

Ich sitze immer noch auf der Bank im Klostergarten und freue mich über meine Erinnerungen. Ich empfinde eine große Dankbarkeit über alle Begegnungen mit den Pflanzen, über das, was wir bisher gemeinsam erlebt haben. Meine Verbindung zu ihnen half mir dabei, meine Projekte erfolgreich zu realisieren. Ich brachte Menschen mit Pflanzen zusammen und erlebte, dass dies tiefe Spuren bei fast allen hinterließ. Sie wurden für einen achtsameren Umgang mit der Natur sensibilisiert.

Mein Leben als Gärtner war für mich Berufung, und das bekam auch meine Familie zu spüren. Meine drei Söhne wuchsen in einem Garten auf, der unsere Familie über viele Jahre versorgte. Als unser erster Sohn geboren wurde, brauchten wir besonders im Sommer mehr Platz, und ich wollte unbedingt Gemüse und Obst anbauen. Wir pachteten in der Nähe unserer Wohnung einen alten Garten, das war unser großes Glück. Später wurden zwei weitere Söhne geboren, und unsere Kinder nutzten den Raum, um sich frei zu entfalten. Für mich war es selbstverständlich, dass die Jungen während der Gartenarbeit bei mir waren. Mein Ältester krabbelte schon als Kleinkind im Gemüsebeet. Es machte ihm sichtbar Spaß, die Kartoffeln mit den Händen auszugraben, die ich gerade frisch gepflanzt hatte. Er liebte es, in der Erde zu wühlen, und ich war froh, dass ihm dabei niemals langweilig wurde. Für meine Frau war es jedes Mal eine Herausforderung, dass er, genau wie später seine Brüder, erdverkrustet aus dem Garten nach Hause kam.

Die Zeit im Garten war trotzdem für alle schön, und die Kinder lernten, die Natur zu achten und mit Pflanzen umzugehen. Wir bauten Kartoffeln, Tomaten, Salat, Erdbeeren und Gemüse an. Es gab auch einige alte Obstbäume, in erster Linie Äpfel. Die Sorten waren von unseren Vorgängern so geschickt gewählt worden, dass wir von September bis Mai Äpfel essen konnten. Manchmal war die Ernte so üppig, dass wir in eine Mosterei fuhren und Saft pressen ließen.

Fast täglich und fast in jeder Jahreszeit waren wir im Garten, denn ich wollte ihn behutsam umgestalten. Das alte Gartenhaus wurde saniert. Dabei «halfen» meine Söhne, auch wenn es für mich bedeutete, dass ich ausschließlich damit beschäftigt war, Baumaterialien und Werkzeuge überall zu suchen. Ich übte mich in Gelassenheit, denn es war mir wichtig, dass die Jungs im Freien spielen konnten und die Arbeitsprozesse im Garten verfolgten. Wir bewirtschafteten ihn von Anfang an biologisch, auch wenn es anfangs noch eine Ansage für alle anderen Gärten war. Wir hatten Glück, dass die Nachbarn beide Augen zudrückten, wenn mal wieder unsere Wildkräuter ausbrachen und sich bei ihnen ansiedelten.

Wir bauten Sandkisten, ein Baumhaus, und oft zelteten wir im Sommer auf der Wiese. Die Jungs waren neugierig auf Pflanzen und Tiere und entdeckten ihre Welt. Einmal, an einem Nachmittag, gab es ein großes Drama, denn auch mein Jüngster war überaus experimentierfreudig. Ich hatte im Garten viel zu tun und ihn nicht immer im Blick. Er nutzte den Umstand, um auf Entdeckungstour zu gehen.

Im Gartenhaus hatte ich Rizinussamen auf einem kleinen Tisch zum Trocknen ausgelegt, um sie später zur Wühlmausbekämpfung einzusetzen. Wühlmäuse hatten wir viele, denn der Garten lag in der Nähe eines Bachs. Stieg der Wasserstand, flüchteten die Mäuse von dessen Ufer und gruben bei uns Gänge. Sie fraßen fast alle Wurzeln in den Beeten und richteten oft großen Schaden an. Ich hatte die Rizinussamen besorgt, um sie in die Wühlmausgänge zu legen und die Tiere zu vertreiben. Irgendwann an diesem Nachmittag kam ich ins Häuschen und sah meinen Jüngsten am Tisch stehen und genüsslich kauen. Entsetzt sah ich ihm zu, denn ich dachte sofort an die Rizinussamen – sie sind stark giftig. Ich schnappte mir meinen Sohn und versuchte, ihn zum Erbrechen zu bringen. Das gelang mir jedoch nicht, also fuhren wir in die Kinderklinik. Dort wurde sein Magen ausgespült und der Inhalt überprüft. Zum Glück waren keine Rizinusreste zu finden. Als wir abends nach Hause kamen, war er wie immer wohlauf, und seiner Mutter wurde nur das Notwendigste erzählt.

Von dem Tag an war meinen Jungs klar, dass man in der Natur und im Garten nicht alles essen konnte. Sie hatten eine wichtige Lektion gelernt und gingen seitdem viel vorsichtiger mit Pflanzen um. Der Garten inmitten der Natur zeigte aber bei ihnen Wirkung: Alle drei leben heute in großen Städten, stellen Hochbeete in Hinterhöfen auf und verwandeln ihre Balkone in Pflanzenparadiese. Außerdem zieht es sie immer wieder in den Wald, und ich bin mir ganz sicher, dass sie Botschaften der Pflanzen verstehen.

### Gesundheitsstörung und Genesung

Noch etwas anderes fiel mir in diesem Moment im Klostergarten ein. Das hatte mit Intuition zu tun, mit der Erfahrung, dass sie ein guter Begleiter ist. In keinem Augenblick meines Lebens hätte ich anders handeln können, als ich es tat. Gut vorstellbar, dass die Pflanzen mich führten. Auch als ich eine gesundheitliche Krise hatte. Mit vierzig litt ich unter rheumatischen Entzündungen, die mich massiv einschränkten. Ich wanderte von Arzt zu Arzt, um Ursachen für diese Erkrankung zu ergründen und um verträgliche Behandlungsmethoden zu finden. Letztlich fand ein Rheumatologe den Grund für die Störungen. Seine Diagnose: eine nicht rechtzeitig entdeckte Borreliose, wohl ausgelöst durch einen Zeckenbiss. Es war viel zu spät, um die Borrelien noch mit einem Antibiotikum zu bekämpfen, und ich musste Wege finden, mit der Erkrankung zu leben.

Zum Glück fand ich einen Arzt, der vorschlug, die Krankheit ganzheitlich zu behandeln. Sein Therapievorschlag: Ernährungsumstellung und Akupunktur. Beides sollte mein Immunsystem so weit stärken, dass die Bakterien keine Chance mehr hatten, in meinem Körper weiter aktiv zu sein. Die Behandlung schlug an, und die Schmerzen wurden weniger.

Während der Akupunktursitzungen spürte ich stets einen Energiefluss in meinen Körper. Ich fühlte mich großartig, und dieser Zustand hielt manchmal tagelang an. Ich hatte schon vorher von Lebensenergien gehört und gelesen, aber nun begann ich, sie unmittelbar wahrzunehmen. Es ging mir schnell wieder besser.

Während des Prozesses realisierte ich, dass wir Menschen für unseren Körper und unser Seelenleben selbst verantwortlich sind. Ich erfuhr, dass Körper, Geist und Seele zusammenarbeiten und dass Erkrankungen oft ein Ausdruck von Ungleichgewicht dieses Zusammenspiels sind. Trotzdem hatte ich den Eindruck, dass noch etwas fehlte.

### Energiearbeit tut gut

In dieser Zeit lernte ich eine andere Form der Energiearbeit kennen. Regelmäßig ging ich zu einer Frau, die mir für fünfundvierzig Minuten ihre Hände auflegte. Hierbei spürte ich denselben Energiefluss im Körper, den ich von der Akupunktur kannte. Sie erklärte mir, dass es sich bei ihrer Arbeit um eine individuell abgewandelte Form von Reiki handelte. Die erste Sitzung fühlte sich so gut an, dass ich wiederkam. Drei Termine später bemerkte ich, dass sich etwas in mir veränderte. Ich war an vielen Stellen gelassener geworden, das Leben fühlte sich leichter an. Außerdem begann ich, mehr und mehr meine Intuition zu entdecken und mich auf sie zu verlassen. Dieser Prozess dauerte viele Jahre und beeinflusste mein Leben.

Was war geschehen? Die Frau hatte von Seelenreinigung gesprochen und mir erklärt, bei jeder Sitzung würden Blockaden aus vergangener Zeit ans Tageslicht kommen, würden aufgelöst und an Kraft verlieren. Die Konsequenz: Langsam und anfangs unmerklich wandelten sich meine Ansichten, mein Verhalten und mein Umgang mit Menschen.

Während jeder einzelnen Sitzung ging es bei der Energiearbeit darum, den Einklang von Körper, Geist und Seele zu erreichen und diesen Zustand möglichst lange zu halten. Einige Bereiche des Körpers wurden länger behandelt als andere, die Handauflegerin wusste scheinbar immer, was als Nächstes zu tun war. Das konnte ich nachvollziehen, denn bei meinen Pflanzen wusste ich es auch. Es musste also Verbindungen zwischen uns Menschen und anderen Lebewesen geben, die wir mit unseren herkömmlich geschulten Sinnen nicht wahrnehmen können. Eigentlich logisch, denn hinter allem Leben auf der Erde steckt schließlich dieselbe Lebensenergie.

Die Frau gab mir schließlich zu verstehen, ich würde diese Energie bald klarer spüren und könnte sie dann auch nutzen. Das merkte ich tatsächlich an vielen Dingen des Alltags und besonders an meinem Zugang zu Pflanzen.

Indem ich es schaffte, diese Form der Energie zu erkennen und einzusetzen, entwickelte ich ein umfassenderes Verständnis für alles Leben. Die Aussagen von Druiden, Schamanen oder Hildegard von Bingen begriff ich jetzt viel besser: Alle Lebewesen sind miteinander verbunden, und alles, was wir tun, wirkt sich auf alle aus. Ich hatte meine Rolle als Vermittler zwischen Pflanzen und Menschen gefunden.

Ich nehme nicht für mich in Anspruch, alles richtig zu machen, aber ich habe gelernt, Respekt vor allen Wesen und Dankbarkeit für die Geschenke des Lebens zu empfinden, sie helfen uns, gelassener zu sein. Unsere genauen Vorstellungen und oft allzu hohen Erwartungen an das Leben schmälern das Gefühl von Zufriedenheit und Glück. Vielleicht sollten wir die alten Tugenden der Klöster neu denken: Demut, Dankbarkeit und Nächstenliebe helfen uns weiter, besonders wenn wir alle Lebewesen einbeziehen.

Wir können so auch besser begreifen, warum uns der Aufenthalt in der Natur und speziell in Wäldern so überaus guttut. Dort hören wir sofort auf, uns mit uns selbst zu beschäftigen, und lassen uns auf andere Lebewesen ein. Egal wie wir unsere persönliche Reise nach innen beginnen, sie verhilft uns zu großartigen Erkenntnissen und ganz sicher auch zum Glück. Wenn wir auf dieser Reise Kontakt zu Pflanzen aufzunehmen, können wir ihre Botschaften verstehen.

### Lebensenergie ist überall

Häufig habe ich kraftvolle Orte besucht. Meist sind es magische Plätze oder alte Heiligtümer, an die es mich immer wieder zieht. Besonders geprägt haben mich Wälder, Pyramiden, die Kathedrale von Chartres, Steinsetzungen und die Externsteine im Teuteburger Wald. An diesen Orten nehme ich den Fluss der Lebensenergie in meinem Körper wahr. Derartig sensibilisiert, lernte ich, mit dieser Lebensenergie direkt zu arbeiten und ließ mich zum Reiki-Meister und -Lehrer ausbilden. Nun bin ich in der Lage, Energie auf Menschen und andere Lebewesen zu übertragen. Ich spüre inzwischen genau, wo Menschen (Tieren oder Pflanzen) Energie fehlt – und kann sie gezielt durch das Auflegen meiner Hände auffüllen. Die Wirkung der Arbeit ist sanft, kaum greifbar und dennoch verblüffend. Seelische Blockaden werden gelöst, und es tritt Entspannung ein. Die Menschen fühlen sich wohl und sind innerlich bereit, ihren anstehenden nächsten Schritt zu gehen.

### Der stimmig angelegte Garten

Auch ein Garten steckt voller Lebensenergie. Er muss mit seiner Umgebung perfekt korrespondieren, wenn wir uns in ihm wohlfühlen wollen. Bei seiner Anlage sollten wir darauf achten, dass er mit der Landschaft, den umliegenden Häusern und anderen Gärten als Einheit wirkt. Die Größe der Gärten muss zu der Größe der Häuser passen, und die Ausrichtung sollte stimmen. Architekten und Landschaftsplaner kennen diese Zusammenhänge, nur werden ihre Pläne leider nicht immer konsequent umgesetzt. Gärten sollen heute pflegeleicht sein, und so entstehen monotone Rasen- oder Kiesflächen. Beide sind kein guter Lebensraum für Pflanzen.

Mit einem Garten übernehmen wir Verantwortung für seine Pflanzen, aber nur wenn sie gesund sind, wachsen sie gut und können uns etwas geben. Die Entwicklung eines Gartens ist ein Prozess, und wir merken, ob er sich positiv entwickelt. Wenn alles stimmt, sind wir Teil des lebendigen Systems und schöpfen im Garten enorme Kraft.

## Intuitionsübungen und Pflanzenmeditationen

Heute habe ich die Gelegenheit, auch außerhalb von Gärten mit der Lebensenergie zu arbeiten. Seit einigen Jahren besuche ich in Berlin eine Akademie, in der wir uns mit Fragen der Selbstführung und Potenzialentfaltung beschäftigen. Ein wichtiger Aspekt der Ausbildung ist die Schulung der Intuition.

Manchmal führen wir ein Reading durch. Das ist eine Übung, bei der es darum geht, Gedanken oder Gefühle von anderen Menschen zu erfassen, ohne dass diese ausgesprochen werden. Dazu finden wir uns in kleinen Gruppen zusammen, am besten mit drei oder vier Personen. Wir sitzen im Kreis und beginnen die Übung mit einigen Minuten der Stille. So stimmen wir uns auf die anderen Personen ein. Anschließend wird durch Handzeichen eine Person ausgewählt, die sich als Erstes lesen lassen möchte. Wir nehmen uns Zeit, diesen Menschen wahrzunehmen und zu erspüren, was ihn gerade besonders beschäftigt. Anschließend wird ausgesprochen, was im Gegenüber wahrgenommen wurde, und die so gelesene Person bekommt die Möglichkeit zu einem Feedback. Dann werden die Rollen getauscht.

Die Übung ist einfach und bringt dennoch Erstaunliches hervor. Durch die Einstimmung in Stille verändert sich unsere Wahrnehmung erheblich. Wir erfassen die Aura unseres Gegenübers, denn dort sind alle wichtigen Informationen über den Menschen gespeichert. Wir können sie lesen und nach einiger Zeit darüber sprechen, was wir gesehen oder gespürt haben. Das Feedback der gelesenen Person ist der Anzeiger, ob wir beim Reading richtig- oder völlig danebengelegen haben.

Die Übung bedarf eine Umgebung des Vertrauens, und es ist wichtig, dass die so gewonnenen Erkenntnisse absolut wertfrei betrachtet werden. Meist werden von den Readern genau die Themen erkannt und benannt, die für den Gelesenen gerade anstehen. Durch Stille und mit Achtsamkeit haben wir uns aufeinander eingestimmt und einander erkannt. Diese Übung ist unser ständiger Begleiter und hilft uns zu ergründen, was wir ausstrahlen und was wir bei anderen Menschen gewahr werden. Unsere Sinneserfahrungen sind dabei derart präzise, dass wir davon ausgehen, für die Zeit des Readings wirklich miteinander verbunden gewesen zu sein.

Irgendwann kam ich auf die Idee, die Anwesenden der Akademie mit Pflanzen zu verbinden. Dazu überlegte ich mir eine spezielle Pflanzenmeditation und nahm die Gruppe während eines Wochenendes zum Thema Organisationsentwicklung mit auf eine Reise. In der ersten Meditation wollte ich das Werden und Vergehen von Pflanzen erlebbar machen. Dazu brachte ich Samen, Erde sowie kleinere und größere Pflanzen mit. Ein Freund ergänzte all diese Dinge durch Laub, Moos und modernde Äste.

Wir nahmen uns eine Stunde Zeit und setzten uns mit etwa vierzig Personen in einen Kreis. In der Mitte standen Teller mit Pflanzensamen und Töpfe mit Erde. In einige Töpfe hatte ich schon Tage vorher Ringelblumen gesät, die nun langsam keimten. Außerdem gab es Zeichnungen von den blühenden Ringelblumen, denn echte Blüten gab es nicht (es war früher Winter). Außerdem hatte ich größere Pflanzen auf Teller gestellt, dazu getrocknete Blüten gelegt. Jeder Teilnehmer, jede Teilnehmerin hatte also den Zyklus einer Ringelblume vor Augen: Samen, Erde, kleine Pflanzen, größere und getrocknete Blüten. Das Laub und die maroden Äste symbolisierten das Ende des Zyklus und das Vergehen der Pflanzen zu Humus.

Ich bat alle, zu schweigen und das Arrangement in der Mitte ausführlich zu betrachten. Anschließend suchte sich jeder einen bequemen Platz, und es ging in die Meditation. In sehr ruhigen und langsamen Sätzen berichtete ich aus dem Leben der Pflanzen. Ich hatte die Sätze nicht vorbereitet, denn wie immer, wenn ich über Pflanzen spreche, leitet mich die Intuition.

*Die Ringelblume, so sagte ich, spricht: Seht euch meine Samen genau an. Sie sind braun, gekrümmt, rau und hart. Sie liegen in feuchter Erde und warten auf den richtigen Zeitpunkt zum Keimen. Wir Ringelblumen wissen, dass wir zum Wachsen Wärme und Licht brauchen. Darum warten wir in der Erde, bis es Frühling wird. Wenn die Tage länger werden und es wärmer wird, kommt unsere Zeit. Schon vorher ist unsere harte Samenschale in der feuchten Erde gequollen, und im Saatkorn ist alles bereit. Wir starten unseren Stoffwechsel, und die ersten Zellen beginnen sich zu teilen. Sie differenzieren sich, und als Erstes treibt eine sehr feine Wurzel. In der feuchten Frühlingserde finden wir Wasser und Halt. Wir wachsen geotrop, das heißt, wir werden direkt vom Erdmittelpunkt angezogen. Wenn wir dabei auf ein Hindernis stoßen, weichen wir einfach aus. Sobald unsere Keimwurzel in den Boden wächst, nimmt sie Wasser und Nährstoffe auf. Anfangs ist sie wässrig und weich, doch mit der Zeit wird sie immer kräftiger. Sie kann uns gut versorgen. Die Wurzeln verzweigen sich und verankern uns fest in der Erde.*
*Wenn unsere Wurzeln fest im Boden sind, schiebt der nun wachsende Spross das Saatkorn ganz langsam aus der Erde. Auch*

*dabei wird das Tempo vom Wetter bestimmt. Im Saatkorn sind mittlerweile Keimblätter entwickelt, die sich in der Sonne entfalten wollen. Sind sie groß genug, bringen sie das Saatkorn zum Platzen und strecken sich der Sonne entgegen. Jetzt können sie Blattgrün bilden. Das ist wichtig, denn die nun einsetzende Fotosynthese gibt uns Energie und schenkt anderen Wesen Sauerstoff. Zu diesem Zeitpunkt ist das Saatkorn nur noch eine leere Hülle, und wir werfen es ab. Es fällt auf den Boden und kann dort vergehen.
Sind unsere Keimblätter voll entfaltet, beginnen wir zu wachsen. Unser Spross wächst senkrecht der Sonne entgegen. Wir bilden Blätter und Verzweigungen, und sind wir ausgewachsen, beginnen wir zu blühen. Unsere Blütezeit hängt vom Tageslicht und den Temperaturen ab. An warmen Sommertagen bilden wir Blütenknospen und entfalten einige Tage später unsere Blütenkörbchen. Sie sind leuchtend orange oder gelb und locken Insekten an. Auch wenn wir Wärme sehr mögen, haben wir vor Regen keine Scheu, denn Wasser ist unser Lebenselixier. An nassen Tagen lassen wir unsere Blüten geschlossen. Sind wir voll erblüht, erlauben wir euch Menschen, unsere Blüten zu ernten, denn wir haben sie mit Heilkraft für euch ausgestattet. Nehmt nur so viele, dass sich aus den restlichen Blüten Samen entwickeln können.
Der Sommer geht langsam zu Ende, es wird dunkler und kühler, und wir wissen, unsere*

*Zeit geht zu Ende. Jetzt reifen unsere letzten Samen, die wir auf die Erde fallen lassen. Dort überwintern sie und warten auf die ersten warmen Tage im Frühling. Wir suchen uns unseren Standort im Garten gern selbst aus, denn wir wissen, wo wir am besten versorgt werden. Ist das letzte Saatkorn abgefallen, ist unser Lebenszyklus abgeschlossen. Wir sterben ab. Unsere Hülle bleibt auf der Erde liegen und wird in Nährstoffe für unsere Nachkommen zerlegt. Das Spiel beginnt von vorn!*

Während der Meditation beobachtete ich. Alle lagen mit geschlossenen Augen auf dem Boden, versunken in der Geschichte. Die meisten hatten einen entspannten Gesichtsausdruck und ließen sich von der Ringelblume inspirieren. Nachdem dann jeder langsam aus der Meditation zurückgekehrt war, wurde über das Erfahrene reflektiert. Ich erfuhr, dass sich alle auf den Prozess eingelassen und sich mit den Pflanzen verbunden hatten. Die Meditierenden berichteten, dass sie sich als Blumen gefühlt hatten und sehr gut spüren konnten, was in deren Leben geschah. Das Werden und Vergehen der Pflanzen war regelrecht gesehen worden, und man hatte auch erkannt, dass es im Leben immer den richtigen Zeitpunkt gibt. Für die meisten Teilnehmer war diese Meditation die engste jemals gespürte Verbindung zu Pflanzen. Alle waren tief bewegt fühlten sich inspiriert.

An einem anderen Wochenende beschäftigten wir uns mit den Themen Heilung und Potenzialentfaltung. Es war jedem klar, dass wir an unserer Heilung arbeiten müssen, um unser Potenzial voll entfalten zu können. Auch dazu sollte es eine Pflanzenmeditation geben. Es war mittlerweile Spätwinter, und ich wählte die Tulpe. Die Tulpe ist eine mehrjährige Pflanze und hat einen ganz anderen Lebensrhythmus als die einjährige Ringelblume. Sie überdauert den Sommer in ihrer Zwiebel und treibt in jedem Frühjahr neu aus. Ich stellte eine große Vase mit fünfzig Tulpen auf und legte um sie herum fünfzig Zwiebeln. Alles stand oder lag auf einem weißen Stoff, der den späten Winter symbolisieren sollte. Wir saßen im Halbkreis, und ich reichte jedem eine einzelne Tulpe und eine Zwiebel. Nach einigen Minuten der stillen Betrachtung begann die Meditation:

> *Wir Tulpen sind in Südosteuropa und Südwestasien zu Hause und wachsen dort wild. Ihr Menschen habt uns vor einigen hundert Jahren zu euren Lieblingsblumen gemacht und ein riesiges Sortiment gezüchtet. So habt ihr uns geholfen, sehr viele Sorten auszubilden und uns immer weiter zu verbreiten. Seht euch unsere Zwiebeln genau an, dann könnt ihr unter der trockenen Schutzhaut sehr lebendige Schichten erkennen. Es wird bald Frühling, und die meisten unserer Zwiebeln haben schon einen kleinen Austrieb.*
> *Draußen stecken wir geschützt in der Erde und erwarten den Frühling. Wenn es warm wird, beginnen die ersten Blätter zu treiben. Wir schieben sie vorsichtig aus der Zwiebel und aus der schützenden Erde. Die Blätter entfalten sich, und aus ihrer Mitte treibt ein Blütenspross. Je nach Art oder Sorte bleibt er sehr kurz oder wächst bis zu 40 Zentimeter hoch. Am Ende des Sprosses bilden wir eine Blütenknospe, die anfangs grün ist und sehr klein. An einem warmen Tag platzt sie auf*

*und zeigt Blütenblätter mit intensiven Farben.
Sie sind rot, weiß, gelb, lachsfarben, rosa oder
violett, je nach Sorte. Am Blütenboden sind
unsere Blüten anders gefärbt und haben in der
Mitte einen großen Stempel und Staubfäden
ausgebildet.
Nach dem Verblühen ziehen wir uns langsam
in die Zwiebeln zurück. Die Blütenblätter
fallen im Wind, und die Blätter werden gelb.
Sie haben ihre Nährstoffe dann in die Zwiebeln transportiert, wo sie gespeichert werden.
Wir legen unterirdisch Brutzwiebeln an und
können uns so vermehren. Den heißen und
trockenen Sommer verbringen wir geschützt in
der Erde. So sparen wir Wasser und können
uns auf den nächsten Austrieb vorbereiten.
Schon im Winter machen wir uns bereit für
die ersten warmen Tage.*

Nach dieser Mediation herrschten Ruhe und Nachdenklichkeit im Raum. Die Meditierenden waren voll in den Zyklus der Tulpe eingetaucht und taten sich ein wenig schwer, in das Hier und Jetzt zurückzukehren. In der Reflexionsrunde wurde das Erlebte besprochen. Besonders der Lebenszyklus vom Werden und Vergehen war wieder ein Thema, und auch die Intelligenz der Pflanze wurde bemerkt. Viele berichteten davon, dass sie die Pflanzen förmlich gefühlt hätten. Ein Bild wurde als besonders wertvoll empfunden: In der Zwiebel steckt alles, was später die ganze Pflanze ausmacht. Es braucht nur die richtigen Bedingungen und etwas Geduld, damit sich die Blume ideal entfalten kann. Schnell wurde die Tulpe auch mit uns Menschen verglichen, und es wurde deutlich, dass in uns ebenfalls erhebliches Potenzial steckt. Es braucht nur den richtigen

Nährboden und die richtige Zeit, um dieses voll zu entfalten. Wir benötigen nur etwas Geduld und großes Vertrauen in das Leben, Entwicklungen können wir nicht erzwingen.

Nach der Meditation war der Raum von einer völlig anderen Energie erfüllt, jeder konnte es spüren. Das Experiment zeigte, dass es energetische Verbindungen zwischen Pflanzen und Menschen gibt, dass wir mit Achtsamkeit und in Stille die Qualität dieser Energie spüren können.

Natürlich vermag jeder, eine Pflanzenmeditation selbst durchzuführen. Sie verbindet Menschen mit Pflanzen und kann tief heilend für alle sein. Eine Anleitung in sieben Schritten:

1. Suche dir eine Pflanze im Garten, im Wald oder in deinem Zimmer. Nimm dir dreißig Minuten Zeit und sorge dafür, dass niemand dich stört.
2. Setze oder lege dich zu deiner Pflanze und schließe die Augen. Nimm ein paar tiefe Atemzüge tief in den Bauch, bis du ganz ruhig geworden und bei dir angekommen bist.
3. Stelle dir vor, wie aus deinen Füßen Wurzeln tief in die Erde wachsen. Erde dich tief und spüre, wie die Erdenergie durch deinen ganzen Körper fließt.
4. Öffne die Augen und nimm deine Pflanze mit allen Sinnen wahr. Schaue sie an, berühre sie und rieche an ihr. Wenn du magst (und sie sicher nicht giftig ist), darfst du sie probieren.
5. Begrüße die Pflanze. Erzähle ihr, wer du bist und weshalb du hier bist. Öffne dein Herz und spüre, wie sich deine Herzenergie ausdehnt, bis du die Pflanze umhüllst. Sei einfach präsent und genieße den Zustand der Verbundenheit.
6. Achte auf alles, was in dir auftaucht: Gefühle, Erinnerungen, Bilder, Gedanken und Worte. Nimm jede Veränderung in dir und um dich herum genau wahr. Nun kannst du die Pflanze

fragen, ob sie dir etwas mitteilen möchte oder ob du etwas für sie tun kannst. Lausche in Stille der Pflanze. Lass einfach zu, was geschieht. Vertraue ihr und deiner Intuition.
7. Wenn es sich für dich richtig anfühlt, komme langsam zurück und bedanke dich bei der Pflanze.

Im Rahmen der Akademie organisierten wir im folgenden Frühjahr auch einen Gartenworkshop. Wir wollten uns für ein langes Wochenende treffen und uns mit Garten und Pflanzen beschäftigen. Der Ort war schnell gefunden, ein ehemaliger Gutshof in Brandenburg. Das alte Herrenhaus lag in einem Park, es war groß und bot Platz für die zwanzig Teilnehmer, hatte aber so gut wie keinen Nutzgarten.

Am ersten Abend stand eine Pflanzenmeditation zur Einstimmung in das Wochenende auf dem Programm, gefolgt von einem gemeinsamen Abendessen. Die Räumlichkeiten waren sehr puristisch, die Zimmer waren nur zum Teil renoviert, es gab nur ein improvisiertes Bad im Keller. Jedem war sofort klar, dass wir zusammenarbeiten mussten, um das Wochenende positiv zu gestalten.

Der Plan für das Wochenende war es, ein riesiges Hochbeet zu bauen und es mit Kräutern und Gemüse zu bepflanzen. Schon am ersten Tag war das Beet fertiggestellt, und alle waren glücklich, dass wir gemeinsam etwas Sichtbares geschaffen hatten. Bei der Arbeit gab es nie Streit oder schlechte Stimmung, jeder konnte etwas anderes besonders gut und brachte es in das Gemeinschaftsprojekt ein.

Am letzten Tag beschäftigten wir uns mit Pflanzen. Wir säten, pikierten und bestellten das Beet. Das Ergebnis des Workshops war ein neuer Gemüsegarten, und jeder konnte Pflanzen mit nach Hause nehmen. Eine schöne Erinnerung daran, dass man zusammen die Aufgabe übernommen hatte, sich um Pflanzen zu kümmern.

Während des Workshops hatten wir alle wahrgenommen, was Erde und Pflanzen mit uns machen. Alle waren entspannt und zufrieden und sahen die Welt mit anderen Augen. Auch ich war glücklich, denn es war mir gelungen, Menschen in das Pflanzenreich zu entführen. Außerdem wurde der Wert gemeinsamer Arbeit erkannt.

### Die Stimme der Pflanzen

*Achtsamkeit hilft euch Menschen, andere Wesen zu sehen und zu verstehen. Die Intuition ist euer Schlüssel für die Verbindung mit uns Pflanzen. Wir nähren und beleben euch und schenken euch Inspiration. Es gibt eine Verbindung zwischen allen Lebewesen, und ihr könnt sie zu spüren. Ihr könnt Intuition schulen – gesunde Tagesrhythmen, ausgewogene Ernährung und Bewegung in der Natur helfen euch dabei. Euch wurde von verschiedenen Stellen überliefert, dass alles miteinander verbunden ist und alles auf alle wirkt. Jedes Handeln und Sein ist nur dann richtig, wenn es für alle Lebewesen gut ist. Demut und Dankbarkeit für die Geschenke des Lebens und Stille helfen euch auf eurer Reise nach innen. In Meditationen könnt ihr euch mit uns Pflanzen verbinden und nach und nach unsere Botschaften verstehen.*

# PFLANZEN, UNSER ZWEITES ICH

Wir Menschen haben das Glück, auf einem wunderbaren Planeten zu leben. Wir sind Teil einer lebendigen Natur, auch wenn wir das oft vergessen. Alle natürlichen Prozesse auf der Erde sind in sinnvollen Kreisläufen organisiert. Diese machen unser Leben auf der Erde erst möglich, so werden wir mit einem verträglichen Klima, mit Wasser und Nahrung versorgt. Böden und Klima lassen Pflanzen wachsen und versorgen auch die Kleinstlebewesen in der Erde. Diese verwandeln Pflanzenreste in Humus und verbessern so die Böden. Die Blüten vieler Pflanzen liefern Nahrung für Insekten, werden im Gegenzug von ihnen bestäubt, können Früchte und Samen ansetzen und sich so verbreiten. Pflanzen und Insekten sind Nahrung für Tiere, und auch wir Menschen haben zu essen. Ausscheidungen von Tieren und Menschen düngen zusätzlich unsere Böden.

Unsere frühen Vorfahren lebten noch eng verbunden mit der Natur und hatten ein gutes Gespür für den Erhalt ihrer Lebensgrundlagen. Ihnen muss klar gewesen sein, dass alle Lebewesen, egal ob Menschen, Tiere oder Pflanzen, voneinander abhängig sind und dass einzig eine gesunde Kreislaufwirtschaft ihre Lebensgrundlagen bewahren und verbessern kann. Bauern achteten darauf, dass nur so viele Nutztiere gehalten wurden, wie das Land wirklich ernähren konnte. Außerdem war ihnen bewusst, dass allein eine gewisse Menge von tierischen Exkrementen zur Düngung der Felder genutzt werden durfte, um die Fruchtbarkeit der Böden zu erhalten und weiter zu steigern. So gab die Größe des bewirtschafteten Landstücks die Anzahl der Tiere vor, die auf dem Hof gehalten werden konnten. Ackerbau und Tierzucht wiederum lieferten Nahrung und Kleidung für die Menschen. Der Ackerbau musste nachhaltig organisiert werden, um auch die folgenden Generationen zu ernähren. Fruchtfolge, organische Düngung und die Dreifelderwirtschaft halfen dabei. Die Bauern konnten ihre Familien ernähren, ohne dabei ihre Lebensgrundlagen zu zerstören. Und doch begann der Mensch durch den Ackerbau, der Natur mehr zu entnehmen als zurückzugeben. Damit war der Grundstein für das sich weiter beschleunigende Artensterben gelegt.

### Landwirtschaft heute

Heute ist die Landwirtschaft weitestgehend industrialisiert. Es gibt Hochleistungssorten von Kulturpflanzen, die sogar zum Teil gentechnisch verändert sind. Diese Sorten können nur gut wachsen, wenn sie ausreichend mit synthetischen Dünge- und Pflanzenschutzmitteln versorgt werden. Für die Feldarbeit werden riesige Maschinen eingesetzt, die die Böden verdichten. Auf vielen Flächen wird künstlich bewässert, was zur Verknappung unserer wichtigsten Ressource führt.

Der Vorteil: Die Pflanzen wachsen schnell, sehen gesund aus und können schon nach kurzer Zeit geerntet und verkauft werden. Auf diese Weise bleibt ihnen jedoch kaum Zeit, all ihre wertvollen Inhaltsstoffe auszubilden. Oft fehlt es daher unserem Obst, Getreide und Gemüse an Geschmack und an genügend Nährstoffen. Die negativen Auswirkungen sind schnell zu erkennen: Die natürliche Bodenfruchtbarkeit und die Menge und Qualität des Grundwassers nehmen ab, Wildpflanzen werden verdrängt. Es gibt immer weniger Lebensraum für Insekten und Tiere.

Bei der Herstellung tierischer Nahrungsmittel sieht es auch nicht besser aus, denn Nutztiere werden häufig ausschließlich als Produktionsmittel gesehen. Stallplatz und Futter müssen günstig sein, denn sonst rechnet sich ihre Haltung bei den zu erzielenden Preisen nicht. Wenn man bedenkt, dass die Massentierhaltung einen großen Einsatz an Medikamenten erfordert, müssen wir uns über eine mangelnde Qualität von vielen Fleisch- und Wurstwaren nicht wundern.

Es werden also riesige Mengen an Lebensmitteln zu sehr günstigen Preisen produziert, die oft auf dem Weltmarkt landen.

Im Gegenzug beziehen wir Nahrungsmittel aus Schwellenländern und Ländern der sogenannten Dritten Welt. Leider werden auch diese in der Regel nicht nachhaltig produziert. Um kostengünstig Tee, Kakao, Kaffee, Reis, Getreide, Palmöl, tropische oder subtropische Früchte herzustellen und zu exportieren, wird Raubbau an der Landschaft, den Wäldern und den landwirtschaftlichen Nutzflächen betrieben. Regenwälder verschwinden im besorgniserregenden Maße und werden in Ackerflächen umgewandelt. Diese liefern schnell und günstig Lebensmittel (meist für den Export). Dabei werden extrem viele Pflanzenschutzmittel eingesetzt, oft ohne die Landarbeiter zu schützen. Die Folge ist, dass die Böden ermüden und dass das Grundwasser verunreinigt wird. Irgendwann müssen neue Flächen erschlossen werden, dazu werden in der Regel Wälder gerodet. Außerdem werden die Produkte rund um den Globus transportiert.

Für die Herstellung von günstigen Lebensmitteln werden also enorme Ressourcen (vor allem Energie) verbraucht, ein Teufelskreislauf. Die negativen Auswirkungen dieser Produktionsweise und unseres Lebensstils sind längst nicht mehr zu ignorieren. Viel zu viele Rohstoffe werden ungehindert benutzt und verschmutzen fast überall auf der Erde die Luft, die Böden und das Wasser.

Über lange Zeit hat das kaum jemanden gestört, bis es uns irgendwann dämmerte, dass diese Art zu wirtschaften Grenzen hat. Sie ist nicht nur nicht gut für die Erde, zunehmend leiden Menschen unter Lebensmittelunverträglichkeiten, Allergien oder schlimmeren Krankheiten. Schnelles Umdenken ist erforderlich. In vielen Bereichen setzt es auch ein, erkennbar am steigenden Interesse an gesunden, regionalen und biologisch angebauten Lebensmitteln.

## Unser industrielles Wirtschaften und die Folgen

Wir leben in einer globalisierten Welt, in der Wirtschaftsinteressen höchste Priorität haben. Und weil westliche Industrieländer in großem Überfluss leben, wollen die Menschen aller anderen Länder das natürlich auch. In der Folge steigt die industrielle Produktion, überall werden Rohstoffe ausgebeutet, um das System zu bedienen. Betriebe werden in Niedriglohnländer verlegt, um die Preise zu halten und den weltweiten Warenverkehr aufrechtzuerhalten. Noch mehr Ressourcen werden verbraucht. Um den Bedarf möglichst langfristig zu decken, scheint vielen Menschen jedes Mittel recht zu sein, und es gibt (gewalttätige) Auseinandersetzungen um die knapper werdenden Rohstoffquellen. Oftmals sind Billiglöhne oder Kinderarbeit an der Tagesordnung. Die meisten Menschen in den ärmeren Ländern profitieren wenig oder gar nicht von ihren eigenen Rohstoffen und dem weltweiten Handel. Sie partizipieren kaum von den Erlösen der in ihrer Heimat hergestellten Produkte. Das gilt insbesondere für die landwirtschaftliche Produktion.

Global werden auch Arbeitsprozesse optimiert, und das hat ebenfalls seinen Preis, selbst in den reichen Ländern. Von den Arbeitnehmern wird höchste Flexibilität erwartet, und viele Branchen können nur überleben, indem sie Lohndumping betreiben. So erleben wir die obskure Situation, dass viele Menschen vollbeschäftigt sind und dennoch wenig verdienen, sodass sie auf finanzielle Unterstützung angewiesen sind. Sie können sich nur das Notwendigste leisten und sind häufig vom sozialen Miteinander ausgeschlossen. Kein Wunder, dass Fairness, Solidarität oder Nachhaltigkeit beim Wirtschaften oder in Umweltfragen auf der Strecke bleiben. Das Problem liegt in der ungleichen Verteilung der finanziellen Mittel und Ressourcen.

Da unsere Wirtschaftsweise nicht nachhaltig ist, sehen wir uns mit einer Vielzahl an Umweltproblemen konfrontiert. Das Verbrennen von fossilen Energieträgern ist ohne den Ausstoß von Schadstoffen nicht möglich, und in der Atmosphäre steigt der $CO_2$-Gehalt kontinuierlich an. Die Luftverschmutzung verursacht vielerorts gesundheitliche Probleme, Erkrankungen der Atemwege nehmen zu. Lange wurde das ignoriert, vielleicht um die Automobilindustrie als einen sehr wichtigen Wirtschaftszweig weiter zu fördern. Das war jedoch sehr kurzfristig und -sichtig gedacht.

In den Achtzigerjahren gab es viele Diskussionen über sauren Regen und das Waldsterben, dadurch entwickelte sich die Ökobewegung, und die biologische Landwirtschaft erlebte einen Neustart. Eine der Visionen von damals war es, eine gerechtere Gesellschaft in gesunder Umgebung zu schaffen. Die Energiewende wurde eingeläutet, und langsam stieg der Anteil an erneuerbaren Energien. Dennoch wurden die Autos auf unseren Straßen kontinuierlich mehr und kontinuierlich größer, und trotz aller biologisch produzierten Lebensmittel wurden weiterhin Flächen versiegelt und Ressourcen massenhaft verbraucht.

Heute sind wir mit den Spätfolgen dieser Produktionsweise konfrontiert. Dazu zählen das Artensterben und der hohe Nitratgehalt im Trinkwasser. Außerdem werden unsere über Jahrtausende gewachsenen Böden durch die intensive landwirtschaftliche Nutzung sehr strapaziert. Die natürlichen Kreisläufe von Wachstum und Vergehen spielen kaum noch eine Rolle, und der Humusgehalt der Böden nimmt langfristig ab. Für mich ist die Bodenermüdung neben der rasant zunehmenden Versiegelung großer Flächen eines der größten Probleme unserer Zeit. Selbst wenn wir die Entwicklung stoppen und Flächen wieder entsiegeln, bräuchten die Böden viele Jahrzehnte, um sich zu regenerieren. Immerhin haben viele Landwirte und Gärtner erkannt, dass die Kreislaufwirtschaft den Pflanzen, Böden, Menschen und auch dem Klima hilft. Die Zahl der biologisch bewirtschafteten Gärten und landwirtschaftlichen Betriebe nimmt ständig zu, und damit ist für unsere Umwelt ein großer Schritt getan.

Der Unmut über unser industrielles Wirtschaften bei vielen Menschen wächst. Es wird diskutiert, demonstriert und auch gehandelt. Klimawandel, Waldsterben und Mikroplastik bringen wieder zahlreiche Menschen auf die Straßen. Wenn wir die Welt und unsere Gesellschaft positiv verändern wollen, brauchen wir alle zusammen viele gute Ideen. Die Pflanzenwelt kann uns inspirieren!

## Was können wir von den Pflanzen lernen?

Pflanzen sind besondere Wesen, denn sie ermöglichen Leben auf der Erde und stehen am Anfang unserer Nahrungskette. Mit ihren Wachstumszyklen verbessern sie ihre Lebensgrundlagen ständig selbst. Die einzelne Pflanze ist nämlich sehr gut organisiert. Sie besteht aus unzähligen Zellen, die sich während ihres Wachstums immer weiter spezialisieren. Die Zellen arbeiten zusammen und bilden die verschiedenen Pflanzenorgane. Trotzdem sind sie nur gemeinsam lebensfähig und hängen vollständig voneinander ab. Eine Wertigkeit gibt es nicht, denn Wurzeln, Spross, Blätter, Blüten und Samen sind gleichermaßen wichtig, damit die Pflanzen wachsen und sich verbreiten können. Bricht ein Teil der Pflanze ab, wachsen Zellen an der Bruchstelle nach, um die Wunde zu verschließen. Schon bald differenzieren sie sich und ersetzen das verlorene Organ. Stirbt die Pflanze, stellt sie sich als Nahrung für ihre Nachkommen zur Verfügung. Alle Pflanzenteile sind also gleich wichtig für das Überleben des gesamten Organismus.

Alle Pflanzen gedeihen in großen Gesellschaften, und es existieren unzählige Arten. Eine der artenreichsten Gesellschaften ist der Regenwald. In ihm wachsen die unterschiedlichsten Bäume, die teilweise sehr groß werden und ein schützendes Blätterdach über dem Wald bilden. Darunter gedeihen kleinere Bäume, die mit deutlich weniger Sonnenlicht auskommen müssen. Und überall, wo noch Platz ist, drängen sich Jungbäume, Büsche und bodendeckende Pflanzen. An vielen Stellen behaupten Kletterpflanzen und Lianen ihren Lebensraum. In den Bäumen breiten sich Orchideen aus und auf dem Boden Farne und andere krautige Pflanzen. So ist wirklich jeder mögliche Ort mit Pflanzen besiedelt, und sie alle zusammen bieten Insekten und anderen Tieren einen perfekten Lebensraum.

Graben wir tief und breit genug, können wir erkennen, dass in der Erde eine ähnliche Komplexität an Leben herrscht wie im oberirdischen Wald. Alle Pflanzen teilen sich Wasser und Nährstoffe des Bodens, nutzen sie für ihre Wachstumsprozesse und geben sie wieder ab. Denn wenn eine Pflanze abstirbt, verrotten all ihre Organe zu Humus. Er wiederum ist Nahrung für die Bodenorganismen, die unmittelbar von den Pflanzen leben, genau wie Insekten und viele Tiere im Wald.

Verändern sich die Bedingungen im Wald, nehmen einige Pflanzen mehr Raum ein, und andere ziehen sich zurück. Das ist in Ordnung, denn das Einzige, was zählt, ist die Komplexität und Flexibilität des Systems. Die Pflanzengesellschaften lassen Böden wachsen und prägen auch die Atmosphäre unseres Planeten. Sie unterstützen die Verteilung von Wasser und regulieren die Temperaturen. Wie gesagt: Alle Lebensprozesse sind in Kreisläufen organisiert, und die Pflanzen helfen sich selbst, aber genauso allen anderen Lebewesen!

Pflanzengesellschaften leben also niemals für sich allein. In diesem komplexen Lebenssystem sind Pflanzen Mittler zwischen der Erde und den Tieren. Sie halten die Bodenorganismen aktiv und ernähren Tiere und Menschen. Die Bodenorganismen wiederum bilden unermüdlich Nährstoffe für Pflanzen, und die Tiere helfen den Pflanzen bei der Verbreitung. Vögel fressen Beeren und scheiden irgendwo deren Samen aus. Insekten sammeln Nektar und verteilen im Gegenzug Blütenstaub. Die Blüten werden bestäubt und bilden massenhaft Samen. Die Samen braucht die Pflanze für ihre Verbreitung, sie dienen aber auch als Futter für Tier und Mensch. Bodenorganismen und Tiere sind also extrem wichtig für das Überleben der Pflanzen.

Wenn wir Boden, Pflanzen und Tiere als einen Organismus betrachten, dient dieser der ganzen Erde. Landschaft und Klima können sich entfalten und schaffen Lebensraum für alle Wesen. Zu den Landschaften zählen selbstverständlich auch Flüsse, Meere, vegetationslose Berge, Wüsten und das ewige Eis. Alle Landschaften wirken zusammen und haben großen Einfluss auf das Klima, die Bodenbildung und damit auf den Lebensraum. Das Zusammenwirken aller Kräfte macht unseren Planeten aus.

Und wenn alles miteinander zusammenhängt und alles wichtig ist, egal ob Licht, Wasser, Luft, Mineral, Boden, Bakterie, Pflanze oder Tier – warum sollte ausgerechnet der Mensch in dieser Konstellation eine Sonderstellung haben? Genau wie die Pflanzen und Tiere leben wir innerhalb dieses komplexen Systems. Wir können es unterstützen und gestalten und müssen es auf jeden Fall achten. Gerät das System aus dem Gleichgewicht, ist unsere Existenzgrundlage zerstört, und wir Menschen sterben aus. Der Pflanzenwelt würde dieser Umstand sicher nicht viel ausmachen, denn sie ist extrem wandlungsfähig und entwickelt sich immer weiter.

## Was haben die Pflanzen mit uns Menschen zu tun?

Menschen sind ähnlich wie Pflanzen organisiert, wenn auch wesentlich komplexer. Wir bestehen aus Billionen von Zellen, und alle sind hoch spezialisiert. Sie bilden unser Blut, die Muskeln, die Knochen, Organe, Haut und Haare und arbeiten eng im Team. Doch wir sind mehr als Zellen, wir sind auch Geist, haben eine Seele und sind mit der Lebensenergie verbunden. Wenn wir uns als Individuen verstehen wollen, müssen wir uns ebenso als Teil unserer Gruppe sehen. Bald werden acht Milliarden Menschen die Erde bewohnen, und wir alle benötigen Nahrung und Lebensraum. Noch verfügen wir über einige Ressourcen, und doch müssen wir an vielen Stellen umdenken. Der Blick auf das Pflanzenreich hilft uns dabei. Jeder Bestandteil einer Gruppe (Pflanzengesellschaft) hat seinen Platz und eine festgelegte Aufgabe. Alle Aufgaben sind absolut gleichwertig, denn ohne jeden Einzelnen könnten die Pflanzen nicht bestehen. Pflanzen fragen nicht, ob sie für diesen Dienst am Leben belohnt werden. Sie sind einfach da und passen sich den vorgefundenen Bedingungen an. Wenn das nicht gelingt, machen sie Platz für andere, denn sie sind Teil einer größeren Idee.

Wie steht es mit uns Menschen in diesem System? Für die

meisten ist es sehr schwierig, sich als Teil eines größeren Ganzen sehen. Oft arbeiten wir gegeneinander und haben uns aus den natürlichen Kreisläufen der Natur ausgeklinkt. Wir suchen stets unseren größten Vorteil und haben das Ziel, uns die Erde untertan zu machen. Natürlich gilt das nicht für alle! Dennoch: Viele Menschen stehen neben der Natur – und zurück bleibt eine Sehnsucht nach Ganzheit. Um dieses Gefühl wiederzuerlangen, dürfen wir uns nicht isoliert betrachten, sondern sollten wieder das große Ganze sehen. Wir sollten auch die Unterschiede zwischen uns Menschen wertschätzen, anstatt sie zu bekämpfen oder auszublenden. Wenn uns das gelingt, erkennen wir, dass jeder richtig und wichtig ist an seinem Platz. Genau wie bei den Pflanzen!

### Das Beste für alle Lebewesen

Was genau macht eigentlich das Wunder Leben auf der Erde aus? Warum altern und sterben wir genau wie Tiere und Pflanzen? Auch wenn die Biologie uns ständig neue Erkenntnisse bringt, haben wir noch längst nicht verstanden, was uns wirklich leben lässt. Um mehr Verständnis dafür zu entwickeln, sollten wir uns wieder mehr mit der Natur verbinden, mit den Pflanzen und unser aller Lebensenergie. Als ein erster Schritt hilft uns dabei mehr Achtsamkeit. Gemeint ist Achtsamkeit mit uns selbst, und die können wir trainieren. Meditationen, Yoga und Reiki helfen uns dabei. Wenn wir uns selbst verstehen, können wir uns auch viel intensiver mit anderen verbinden. Das gilt für Menschen und für alle andere Wesen der Natur.

Außerdem sollte die Intuition Wegweiser für unsere Handlungen werden, dazu müssen wir sie erkennen und schulen. Den Zugang zu ihr erlangen wir durch konsequente Arbeit an uns selbst. Dazu müssen wir auf unseren Körper achten, denn, wie ein Sprichwort sagt, nur in einem gesunden Körper lebt ein klarer Geist. Verträgliche Tagesrhythmen, eine ausgewogene Ernährung, Verzicht auf Suchtmittel und viel Bewegung in der Natur unterstützen uns dabei. Natürlich darf es nicht unser Ziel sein, intuitiv zu handeln, um das eigene Ego zu befriedigen. Besser: zu erkennen, was das Beste für alle Lebewesen ist. Nur wir alle zusammen können auf der Welt existieren.

### Weisheit statt Ego

Was noch können wir von Pflanzen lernen? Sie leben im Rhythmus der Jahreszeiten und wissen, was wann zu tun ist, auch arbeiten sie im Team mit anderen Pflanzen, Tieren und Menschen. Sie würden niemals ihre Lebensgrundlage ohne Not verbrauchen. Das lässt sich problemlos auf Menschen übertragen. Jeder Mensch, jedes Lebewesen ist wichtig an seinem Platz. Stimmen wir uns gut auf andere Menschen ein, können wir ihre Bedürfnisse erkennen und entsprechend handeln. Nur wenn ihre grundlegenden Bedürfnisse befriedigt sind, können sich alle Menschen voll entfalten und ihr Potenzial leben. Sie erfahren keinen Mangel und sind zufrieden. Zufriedene Menschen brauchen ihr Ego nicht weiter zu pflegen und können im Sinne des Gemeinwohls agieren – ein großer Schritt in Richtung Weisheit. Weisheit satt Ego, das wäre ein großartiges Prinzip!

### Dynamische Entscheidungen treffen

Pflanzen passen sich wunderbar an ihren Lebensraum an und beweisen dabei große Geduld. Sie verbinden Böden, Tiere und Menschen und bilden mit ihnen Symbiosen. Ein starkes Bild dafür, dass eine intensive Zusammenarbeit Vorteile für den Einzelnen und für die Gemeinschaft bringen kann. Wir Menschen dürfen nicht ausschließlich uns selbst sehen, denn alle Wesen werden von der Erde versorgt. Die Natur gibt uns Lebensraum, ernährt uns und schenkt uns Heilung.

Gartenarbeit kann uns helfen, uns mit der Natur und ihren Lebewesen zu verbinden. Im Garten lernen wir viel besser, mit allem, was ist, umzugehen, selbst mit der Witterung. Jedes Wetter hat seine eigene Qualität, und wir können es für uns und unsere Pflanzen nutzen. In der Aussaatzeit brauchen wir Regen und für Wachstum und die Ernte warme Sommer. Schnee schützt Pflanzen und Böden vor Frost, und Wind trocknet nasse Böden und verbreitet Pflanzensamen. Das Wetter beeinflusst unsere täglichen Aufgaben im Garten, und wir lernen, unsere Entscheidungen dynamisch zu treffen. Es bleibt uns auch nichts anders übrig, denn die Natur bestimmt alle Arbeitsprozesse. Als Gärtner müssen wir darauf reagieren und uns von starren Plänen verabschieden. Sie wären im Garten kontraproduktiv und würden verschiedene Lebensprozesse und letztlich auch uns lähmen. Wir können bei der Gartenarbeit Gelassenheit üben und annehmen, dynamische Entscheidungen zu treffen. So fördern wir positive Entwicklung für alle. Wenn wir das Prinzip verinnerlicht haben, können wir es auf unser Leben übertragen. Es bleibt immer im Fluss!

### Vertrauen schaffen

Die Natur schenkt uns alles, was wir benötigen. Sie gibt den Lebensrhythmus für alle vor und hält ihr Gleichgewicht. Für viele Menschen ist die Natur beseelt, auch ist sie sich selbst genug und äußerst flexibel. Die Natur passt sich an alle Veränderungen an. In ihr fühlen sich die meisten geborgen, denn sie schenkt Ruhe, Inspiration und Kraft. In dem großen System Natur haben alle Wesen genau ihren richtigen Platz (wie bei den Pflanzengesellschaften).

Mit unserem freien Willen sind wir Menschen anders ausgestattet als Tiere und Pflanzen. Dadurch können wir tief in die natürlichen Prozesse der Erde eingreifen. Das hilft uns nicht unbedingt weiter, denn diese Fähigkeit haben wir oft genutzt, um die Natur auszubeuten und um einseitig von ihr zu profitieren. Wenig haben wir uns um wilde Tiere und Pflanzen gekümmert, eher haben wir versucht, sie zu verdrängen und ihren Lebensraum einzunehmen. Heute realisieren wir, das tut niemandem gut. Pflanzen, Tiere und die Menschen leiden, und es ist höchste Zeit, die Natur mehr zu respektieren und als gleichwertiges Wesen zu sehen. Nur in einer Zusammenarbeit mit allen Wesen können wir das natürliche Gleichgewicht auf der Erde und unsere Lebensgrundlagen nachhaltig sichern. Mit Respekt und durch häufigen Naturkontakt können wir Ängste überwinden, die Tiere und Wälder vielleicht in uns auslösen. Wir lernen zu vertrauen – und können uns für die Geschenke der Natur öffnen. Vertrauen hilft uns, das Gefühl der Angst zu überwinden und in Liebe zu transformieren!

### Den Acker gut bestellen

Pflanzen wachsen gut, wenn sie einen passenden Standort gefunden haben. Sie brauchen Licht, Boden, Nährstoffe und Wasser. Fehlt ihnen etwas oder ist etwas zu viel, wachsen sie eher kümmerlich. Wir können gezielt Einfluss auf einige dieser Ressourcen nehmen, müssen aber wissen, dass die Wirkung manchmal nicht sofort eintritt. Wenn wir Pflanzen in unseren Garten bringen, müssen wir ihnen einen passenden Lebensraum schenken, vor allem ausreichend Platz. Gärtner und

Landwirte wissen das, denn sie arbeiten mit Pflanzen. Sie haben ihre Erfahrungen seit vielen Generationen weitergegeben. Wir alle müssen unseren Pflanzen eine lebendige Umgebung geben, denn nur so ist bestens für sie gesorgt.

Auch dies können wir ohne Mühe auf den Menschen übertragen. Je besser wir unseren Acker (die Seele) bestellen, umso reichere Früchte bringen wir als Mensch hervor. Wir müssen ihn ständig bearbeiten und nähren, denn nur so bleiben wir lebendig, beweglich und gesund. Aber nur so weit, wie wir auf die leise Stimme unserer Seele hören.

### Alles braucht seine Zeit

Wenn wir es einmal nicht schaffen, unsere Pflanzen ideal zu versorgen, sehen sie es uns für einige Zeit nach. Es dauert ein wenig, bis sie uns zeigen, dass ihnen etwas fehlt. Zuerst verfärben sich die Blätter, und später fallen uns Wachstums- oder Blühhemmungen auf. Außerdem werden schlecht versorgte Pflanzen krank. Sobald wir das erkennen, müssen wir eingreifen. Es ist dann am besten, die Pflanzen zu stärken und ihren Lebensraum zu optimieren. Nur so haben sie die Chance, grundsätzlich zu heilen.

Das ist bei uns Menschen nicht anders, denn nur wenn wir unser Leben passend gestalten, haben wir die Möglichkeit, gesund zu bleiben und fröhlich durchs Leben zu gehen. Wir sollten stets wachsam bleiben und rechtzeitig handeln, wenn uns etwas fehlt.

Pflanzen geht es besonders gut, wenn sie in natürlichen Kreisläufen leben. Sie helfen sich selbst und profitieren von der Gemeinschaft. Trotzdem ist jede Pflanze für ihre Entwicklung selbst verantwortlich und reagiert auf die Witterung und das Nahrungsangebot. Sie wächst in ihrem eigenen Tempo, nutzt alle vorhandenen Ressourcen und lässt sich durch nichts beirren. Wenn wir in ihre Lebensprozesse eingreifen, verändert sich die Pflanze und damit ihre Qualität.

Das lässt sich ebenfalls auf unser Leben übertragen, denn auch wir wollen uns gesund entwickeln. Das gelingt uns am besten, wenn wir uns für alle Lebensprozesse die notwendige Zeit nehmen. Ungeduld hilft uns nie weiter, denn wenn wir versuchen, eine Entwicklung in unserem Leben zu beschleunigen, leidet in der Regel die Qualität. Alles braucht seine Zeit, und es ist egal, ob uns das gefällt oder nicht.

Fazit: Wenn wir das Leben der Pflanzen mehr wertschätzen und besser verstehen, erfahren wir auch eine ganze Menge über uns selbst. Pflanzen lehren uns Geduld und sind daher ein exzellentes Vorbild für uns Menschen!

### Sich auf Pflanzen einlassen

Wir Menschen legen Gärten an und schaffen damit unterschiedliche Lebensräume für Pflanzen. Wir haben verschiedene Baumformen und diverse Obst- und Gemüsesorten entwickelt und den Pflanzen zu einer noch größeren Vielfalt verholfen. Wir haben sogar Pflanzen aus fernen Regionen geholt und gelernt, sie bei uns anzubauen und zu nutzen. Es gibt Menschen, die ihre Einsichten über Pflanzen mit uns teilen. Sie wissen, alles hängt zusammen. Man muss nicht zwangsläufig Visionär sein, um die Zeichen der Natur zu erkennen. Pflanzensignaturen können wir selbst erkennen, wenn wir die Natur genau beobachten.

Es lohnt sich, sich auf Pflanzen einzulassen. Schon wenn wir ihnen begegnen, spüren wir, dass sie uns guttun. Mit Hilfe der Intuition können wir die richtigen Pflanzen für uns finden und gemeinsam mit ihnen unseren Lebensraum gestalten.

Selbstverständlich müssen wir ihnen mit Dankbarkeit, Demut und Hingabe begegnen. So erleben wir das großartige Gefühl von Zufriedenheit und Glück. Das Gärtnern wird zur Mission, und wir fühlen uns deutlich freier. Im Umgang mit Boden und Pflanzen sind wir in die ewigen Kreisläufe der Natur eingebunden, und wir verinnerlichen, dass wir sie nicht stören dürfen. Andernfalls sind unsere Lebensgrundlagen in Gefahr.

### Den inneren Garten kultivieren

Pflanzen bestimmen ihre Lebensprozesse in fast allen Bereichen selbst. Durch Achtsamkeit können wir spüren, wie unterschiedlich sie auf ihre Umgebung wirken. Ihre Lebensenergie strahlt es aus. Unsere Vorfahren wussten das und haben verschiedene Kräuter und Bäume zum Zaubern genutzt. Sie redeten mit Pflanzen und baten sie, den Menschen zu helfen. Einige dieser Ansprachen sind uns in Märchen und Zaubersprüchen überliefert. Heute sind nur wenige Menschen in der Lage, Zauberpflanzen zu erkennen, und diese werden meist belächelt.

Für die meisten gelten die klassischen Naturgesetze. Alles muss nachgewiesen werden und für den Verstand nachvollziehbar sein. Das gibt vermeintliche Sicherheit, und sie sind davon überzeugt, dass sie so am besten leben können. Doch langsam beginnen mehr und mehr Menschen zu spüren, dass Pflanzen eine besondere Bedeutung für uns haben. Sie lieben Natur und Gärten und schaffen mit Hilfe von Pflanzen eine lebensfreundliche Atmosphäre, wo immer es möglich ist. Diese Menschen haben einen tieferen Zugang zu Pflanzen entwickelt, und das ist unbedingt nachahmenswert. Mediation und Stille helfen auf diesem Weg. Wer ihm folgt, spürt irgendwann, dass alles auf alles wirkt.

Mit diesen Erkenntnissen können wir unser gesamtes Handeln überdenken und optimieren. Wir werden wieder Teil des größeren Ganzen und können der Welt (und damit auch uns selbst) besser helfen.

Wenn sich sehr viele auf den Weg machen, schaffen wir es, unsere Gesellschaft besser zu kultivieren. Das wird uns gelingen, denn der Same dazu liegt in jedem Menschen bereit. Wir müssen uns nur daran erinnern und ihn keimen und wachsen lassen. So können wir unseren inneren Garten kultivieren. Frei nach dem Motto: «Eine andere Welt ist pflanzbar!»

### Dankbarkeit empfinden

Pflanzen schenken uns alles! Luft, Nahrung, Heilmittel, Lebensraum. Wir sind es gewohnt, auf unserem Planeten in Fülle zu leben – und denken in der Regel nicht darüber nach. Wir essen, trinken, atmen und bewegen uns wie selbstverständlich und haben meist nicht im Visier, welche glücklichen Umstände unsere Existenz erst ermöglichen. Viel lieber beschäftigen wir uns mit zwischenmenschlichen Interaktionen. Es ist für uns selbstverständlich, dass wir ausreichend Nahrung und Wasser haben, und wir gehen zum Arzt, wenn wir einmal nicht gesund sind. Wir reisen für wenig Geld in die entlegensten Winkel der Erde und kennen uns, dank moderner Medien, scheinbar überall aus. Die reale Welt wird mehr und mehr auf dem Bildschirm erlebt und in der Freizeit konsumiert. Auch wenn wir viel Zeit draußen verbringen, fehlt uns häufig echter Zugang zur Natur.

Gärtnern ist für viele Menschen der erste Schritt, den Zugang neu zu entdecken, und jedes Gartenjahr macht uns vor allem Freude. Wir lernen, in welchen Zusammenhängen Pflanzen leben. Wir beginnen zu spüren, dass alles von Pflanzen abhängt – und können nicht anders, als tiefe Dankbarkeit zu empfinden. Dankbarkeit für die Geschenke des Lebens, die wir nicht kaufen können. Gärtnern macht glücklich, denn Glück kommt immer aus uns selbst. Die Pflanzen helfen uns dabei und zeigen uns den Weg!

Wie auch immer es weitergehen wird: Nutzen wir die Gelegenheit, um neue Visionen zu entwickeln, die Pflanzen helfen uns dabei. Lasst uns uns tief mit der Natur verbinden, denn nur so können wir noch lange auf der Erde bleiben. Wenn wir wieder Verbindung haben, wird sich unser Handeln grundlegend ändern, und wir schaffen eine gesunde Welt für alle. Eine andere Chance haben wir nicht. Wir brauchen die Pflanzen, aber die Pflanzen brauchen uns nicht!

# DANK

Ich danke allen Wesen, die mich in meinem Leben begleitet und mich dorthin geführt haben, wo ich jetzt stehe. Allen voran den Pflanzen, die uns gesunden Lebensraum schenken und mir einen wunderbaren Beruf. Dann meinen Eltern, Barbara und August Bohne, die mir als Kind genau die richtige Umgebung gaben, um mit Pflanzen aufzuwachsen. Ich danke meiner lieben Frau, Elke Vornkahl-Bohne, die meine Arbeit von Anfang an begleitete, immer an mich glaubte und mir überall eine große Stütze ist.

Stellvertretend für viele andere meiner Förderer danke ich dem Botaniker Prof. Dr. Thomas Hartmann (gestorben im Mai 2017), der mir mit dem Aufbau und der Leitung des Arzneipflanzengartens der TU Braunschweig eine wunderbare Aufgabe übertrug, die mich in intensiven Kontakt mit Kräutern brachte und die mir fast jeden Freiraum für meine persönliche und berufliche Entwicklung gab. Außerdem begleitete ich zahlreiche seiner wunderbaren botanischen Exkursionen, die mir jedes Mal neue Einblicke in die Natur und in das Leben der Pflanzen schenkten. Herr Hartmann, immer wenn ich einen Mentor brauchte, waren Sie da!

Für meine ganz individuelle Entwicklung danke ich Inge Köhler, die mich über viele Jahre mit Energiearbeit begleitete und mich erkennen ließ, was im Leben wirklich wichtig ist. Mein herzlichster Dank geht an Wilya Habicht, die mich in die Welt der Pflanzendüfte entführte und auch meine Reiki-Lehrerin ist. Von ihr lernte ich, was Lebensenergie ist und wie man sie gezielt einsetzen kann. Das bekam besonders mein Freund Roberto Anjari-Rossi zu spüren, der mir wie kein anderer spiegelte, wie hilfreich der Einsatz dieser Energien sein kann.

Nun zum Buch: Meine Frau Elke gab mir den Impuls, dieses Buch zu schreiben, wenige ihrer stets klugen Worte reichten dazu aus: «Du brauchst jetzt keine Gartenbücher mehr zu verfassen, schreib endlich auf, was du sonst noch alles weißt, es ist so viel.» Außerdem hat sie die erste Fassung gelesen und mir sehr dabei geholfen, mich zu erinnern und meine Gedanken zu sortieren. Vielen Dank dafür! Danke auch an meine Söhne Hannes, Thomas und Robert, die mir in all den Jahren ihres Aufwachsens immer wieder vor Augen führten, wie schön es ist, der Welt stets neugierig zu begegnen. Außerdem hatten sie immer ein offenes Ohr und stets hilfreiche Worte, wenn ich über die Entstehung dieses Buchs sprach oder sie im Manuskript lasen.

Ein besonderer Dank geht an meinen Freund Gert-Jan Stam, der die Idee des Buchs von Anfang an begleitete, viel mit mir über Pflanzen diskutierte und das Manuskript sehr früh las. Er ermunterte mich stets und trieb mich mit seinen Worten immer wieder zum Schreiben an: «Burkhard, das ist schön, was ich hier lese, aber ich weiß, du kannst noch viel mehr.» (Ich kann mir gut vorstellen, dass er immer noch nicht zufrieden ist.)

René Wadas hat in meiner Kräuterschule doziert und mir Mut gemacht, eine Agentur zu bitten, meine Arbeit intensiver zu betreuen. Danke an meinen Agenten Sven Hartung, der an dieses Buch glaubte und mich an den Rowohlt Verlag vermittelte. Susanne Frank gab mir nach einem zweistündigen Gespräch und einem Exposé die Chance, es zu schreiben. Natürlich ging das nicht alleine, und ich bin froh, dass Regina Carstensen meine Lektorin war. Regina hat mir sehr dabei geholfen, den Text zu strukturieren, und war dabei sehr einfühlsam. Vielen, vielen Dank, es war einfach nur schön, dieses Buch entstehen zu sehen.

# LITERATUR

Bohne, Burkhard: Kräuterwissen aus alter Zeit. Stuttgart 2011

Daniel Chamovitz: Was Pflanzen wissen. Wie sie hören, schmecken und sich erinnern. München 2017

Coccia, Emanuele: Die Wurzeln der Welt. Eine Philosophie der Pflanzen. München 2018

Kalbermatten, Roger: Wesen und Signatur der Heilpflanzen. Die Gestalt als Schlüssel zur Heilkraft der Pflanzen. Stuttgart 2019

Kranich, Ernst M.: Urpflanze und Pflanzenreich. Metamorphosen von den Flechten bis zu den Blütenpflanzen. Aarau 2007

Mancuso, Stefano, und Alessandra Viola: Die Intelligenz der Pflanzen. München 2015

Meffert, Ekkehard: Die Zisterzienser und Bernhard von Clairvaux. Ihre spirituellen Impulse und die Verchristlichung der Erde. Stuttgart 2010

Röger, Christiane, Bauer, Annett, Rußhardt, Annette, und Katja Schmid: Das große Buch der Hildegard von Bingen. Bewährtes Heilwissen für Gesundheit und Wohlbefinden. Köln 2007

Storl, Wolf-Dieter: Mit Pflanzen verbunden. Meine Erlebnisse mit Heilkräutern und Zauberpflanzen. München 2018

Wohlleben, Peter: Das geheime Leben der Bäume. Was sie fühlen, wie sie kommunizieren – die Entdeckung einer verborgenen Welt. München 2019

# Qing Li
# Die wertvolle Medizin des Waldes
Wie die Natur Körper und Geist stärkt

Jeder weiß, wie gut ein Waldspaziergang tun kann. Aber nicht jeder weiß, wie das Vitamin N – wie Natur – tatsächlich wirkt. Über 30 Jahre lang hat Dr. Qing Li die heilsame Kraft des Waldes erforscht und die in Japan und mittlerweile auch weltweit beliebte Shinrin-Yoku-Methode entwickelt. Durch praktische Übungen werden unsere fünf Sinne angeregt und Körper und Geist in Einklang gebracht. Die Wirksamkeit der Methode ist unumstritten, unter anderem wird damit Stress reduziert, unser Herz-Kreislauf-System und unser Stoffwechsel verbessert, der Blutzucker gesenkt, Konzentration gefördert, Depressionen abgemildert und unser Immunsystem gestärkt. In seinem Buch zeigt Dr. Qing Li, wie wir unsere Beziehung zur Natur erneuern und uns die Hilfskraft der Natur zunutze machen können.

Weitere Informationen finden Sie unter **www.rowohlt.de**

*320 Seiten*

Susanne Foitzik und
Olaf Fritsche
# Weltmacht auf sechs Beinen
Das verborgene Leben der Ameisen

Sie sind faszinierend – und sie sind überall. Sie haben eigene Formen der Arbeitsteilung, Kommunikation und Selbstorganisation entwickelt. Ameisen legen Gärten an und züchten Pilze. Sie halten sich Blattläuse als Nutzvieh und verteidigen es gegen Räuber. Neben den Bienen sind sie wohl die erstaunlichsten unter den Insekten.

Susanne Foitzik ist eine weltweit anerkannte Koryphäe auf dem Gebiet der Ameisenforschung. Gemeinsam mit dem Biophysiker Olaf Fritsche erzählt die Mainzer Evolutionsbiologin auf unterhaltsame Weise alles, was man über Ameisen wissen muss. Nach der Lektüre dieses Buches wird man Ameisen mit anderen Augen sehen.

Weitere Informationen finden
Sie unter www.rowohlt.de

*320 Seiten*

**Begegnung mit dem Licht (CD)**
Bernard Jakoby gibt konkrete Hinweise zur Sterbebegleitung, beschreibt den inneren Sterbeprozess und erläutert das Thema Nachtodkontakte. Seine einfühlsamen Texte helfen bei der Bewältigung von schmerzhaften Verlusten und ermöglichen den angstfreien Umgang mit dem Tod.
1 CD, ISBN 978-3-7844-4096-5, Langen*Müller* | Hörbuch

**Keine Seele geht verloren**
In diesem Buch wird der geistige Sinnzusammenhang bei einem plötzlichen Tod umfassend dargestellt, was sich schon in den Vorahnungen Betroffener und ihrer Angehörigen zeigt. Ein weiteres großes Thema ist der Suizid.
256 Seiten, ISBN 978-3-485-01332-1, nymphenburger

**Wir sterben nie**
Dieses lichtvolle Buch ist eine Gesamtdarstellung darüber, was wir heute über das Jenseits wissen können. Nahtoderfahrungen, Nachtodkontakte, mediale Schilderungen und moderne Rückführungserfahrungen zeigen, dass unser Leben nach dem Tod weitergeht.
264 Seiten, ISBN 978-3-485-01117-4, nymphenburger

# Bücher von Bernard Jakoby bei Langen*Müller* und *nymphenburger*

www.langen-mueller-verlag.de | www.nymphenburger-verlag.de